走进神秘水世界

水利部宣传教育中心　编著

·北京·

内 容 提 要

本书从公众日常感兴趣的问题开始，从宏观和微观等多个视角，深入浅出地解析了水的来源、水的构成、水的循环、水的转变等，阐明了全球及我国的水资源现状，介绍了河流、湖泊、冰川、湿地的形成，剖析了水与众不同的特性，探讨了多个关于水的趣味科学知识。此外，还集纳了生活中的节水小窍门、历史上的涉水典故等常识。内容涵盖面广泛，语言通俗易懂，循序渐进地普及了水知识，设计精美，可读性强。

本书可作为中、小学生学习了解涉水知识的科普读物。

图书在版编目（CIP）数据

走进神秘水世界 / 水利部宣传教育中心编著. -- 北京 : 中国水利水电出版社, 2019.3
ISBN 978-7-5170-7568-4

Ⅰ. ①走… Ⅱ. ①水… Ⅲ. ①水资源－资源保护－普及读物 Ⅳ. ①TV213.4-49

中国版本图书馆CIP数据核字(2019)第056763号

书　名	**走进神秘水世界** ZOUJIN SHENMI SHUI SHIJIE
作　者	水利部宣传教育中心　编著
出版发行	中国水利水电出版社 （北京市海淀区玉渊潭南路1号D座　100038） 网址：www.waterpub.com.cn E-mail：sales@waterpub.com.cn 电话：（010）68367658（营销中心）
经　售	北京科水图书销售中心（零售） 电话：（010）88383994、63202643、68545874 全国各地新华书店和相关出版物销售网点
排　版	中国水利水电出版社微机排版中心
印　刷	清淞永业（天津）印刷有限公司
规　格	145mm×210mm　32开本　2.875印张　55千字
版　次	2019年3月第1版　2019年3月第1次印刷
印　数	0001—4000册
定　价	**19.80**元

前言

水是大自然赋予人类的宝贵财富。

我们的生活离不开水。

水是生命之源。

原始生命缘于水，最初的生命体是在水中诞生的。一切动植物连同看不见的微生物，都是因为有了水，才成就了鲜活的生命。

水是生命之本。

无论动物、植物，都需要用水来维持最基本的生命活动。《红楼梦》里说："男人是泥做的骨肉，女人是水做的骨肉"，其实不论男女老幼，都是水做的。人可以数天不吃东西，但不可一日不喝水。我们生命体征的各个环节都需要水的帮助才能顺利运行。若我们什么也不吃，可以挨上十多天，但若滴水不进，估计用不了几天就会一命呜呼。含水量越高的生命越显水灵，幼儿之所以粉嫩，老人有些干瘪，皆是由于水的缘故。

水不仅是生存之必需，也是农业之命脉、工业之血液，更是文人墨客吟诗赋文时取之不尽的灵感所在。在我们生活的蓝色星球上的一切活动，处处离不开水。因为有了水，才让人类居住的这个神秘星球有了无比丰富的生命与多姿多彩的生活。

为强化水利科普教育，培养青少年知水、爱水、亲水和护水意识，树立正确的水价值观，我们精心编撰了此书。此书由李雪萍、李江华执笔，周文凤、刘耀祥、邵自平、张卫东、张佳丽、段连红、刘晓晨参与编审。

由于水平有限和仓促成书，疏忽和差错在所难免，敬请批评指正。

编者

2019 年 4 月

目录

第一章　神秘的蓝色星球

第一节　地 球 上 的 水

1. 蓝色水球

人类居住的地球，是一个蔚蓝色的美丽星球。

如果从遥远的月球上遥望地球，可以看到一个面积相当于 13 个月球的蔚蓝色的美丽“水球”。为什么地球看上去是蔚蓝色的呢？那是因为地球 71％的表面都是水，被浩瀚无际的海洋所覆盖。

可是，人类并不是一开始就认识到“地球是个水球”。很久很久以前，没有望远镜，没有飞机，没有可以远航的轮船，人们对地球的认知有很大的局限。大家都认为地球的大部分是陆地，并因此用 earth（陆地）一词来表示我们居住的星球。直至 1492 年哥伦布向西远航、1522 年麦哲伦的船队完成环球航行后，人类才发现海洋也占有地球表面的很大一部分。即使这样，当时的人们还是认为陆地的面积大于海洋面积。

2. “水球”有多大

曾经有人建议，说地球正确的叫法应该是“水球”。

那么，这个“水球”有多大呢？

人类所居住的“水球”（地球），直径有12700多千米，表面积约为5.1亿平方千米。

拿足球场打个比方，如果足球场长105米、宽68米，那么换算一下，地球的表面积大约相当于700多亿个足球场。

地球上的陆地面积约为1.49亿平方千米，占地球表面积的29%，其余的71%被浩瀚的海洋所覆盖。

地球的体积约为1.08万亿立方千米。

3. “水球”有多少水

因为有多种不同的估算方法，因此有着多种不同的水总量估算结果，一般都采用1977年联合国水会议的文件中所提供的数据，即地球表层的总水量为13.86亿立方千米。

13.86亿立方千米，这是一个非常大的数字，可见地球上确实有很多很多的水。

只可惜，地球上这么多的总水量中，约有96.54%的水是海水，而这么多的海水，目前人类还无法直接饮用。

地球上的总水量中，仅有约2.53%的淡水，而这些淡水，有许多储藏在南极和北极的巨大冰川中，也不能直接为人类所用。能被人类利用的水，仅占淡水量的0.34%，占全球水量的0.008%。而这可怜的0.008%的淡水，分布又极不均匀。所以，名义上有很多很多水的地球，实际上是一颗非常缺水的“水球”。

4. 了解“水球”上的水

我们每天都能接触到的水，无所不在，缺它不可。

这看似普普通通的水，却神秘无比，变化多端。它们千姿百态，环绕地球，构成了一个神秘的水圈。水圈中的水体时刻进行着永不停息的大规模的循环。正因为有了水的翻云覆雨、千变万化，才使得我们居住的地球生机勃勃，万物盎然。

地球上的水，都有哪些种类呢?

如果按物理性状分类，可分为固态水、液态水和气态水。

固态水包括冰川和永久冻土两种存在形式。

液态水分为海洋水和陆地水。陆地水可以分为地表水、地下水、土壤水；地表水可以分为冰川水、河流水、湖泊水、沼泽水、水库（池塘）水等；地下水可以分浅层地下水、深层地下水、地热水等。

气态水是指在地球外围的大气层中的大量水汽，它们以云或雾的形式，飘浮在空中。气态水的数量微乎其微，仅占地球总水量的十万分之一。

地球上的水，可以按水中矿物质和杂质含量的多少，分为硬水、软水、矿泉水、纯净水；还可按水的矿化度和含盐量的高低，分为淡水、微咸水、咸水、卤水。

按水的温度分类，可以分为过冷水（小于0摄氏度）、冷水（0～20摄氏度）、温水（20～37摄氏度）、热水（37～50 摄氏度）、高热水（50～100 摄氏度）和过热水（大于 100 摄氏度）。

按照人民生活和工农业生产对水质的要求，对水的各项物理指标、化学指标、生物指标进行分级分类，可以分为Ⅰ～Ⅴ类水和劣Ⅴ类水，分别对应于水质优良、良好、较好、较差、差、极差。

第二节　地球之水哪里来

1. 起源的传说

很久很久以前，当地球刚刚诞生的时候，它的表面差不多找不到一滴水。一滴水都没有，当然也没有河流，也没有海洋，更没有任何生命。那么如今浩瀚的大海，奔腾不息的河流，烟波浩渺的湖泊，奇形怪状的万年冰雪，还有那地下涌动的清泉和天上的雨雪云雾，这些水是从哪儿来的呢？

这是一个迄今尚未完全破解的自然之谜。

我国有一个古老的神话故事，传说中英雄盘古创造出了一个崭新的世界后，闭上眼睛，与世长辞。伟大的英雄死了，但他的鲜血变成了江河湖海，奔腾不息；肌肉变成千里沃野，供万物生存；汗水变成雨露，滋润禾苗。当然，这只是个传说，是一个故事。

关于这个问题的科学答案可以说是形形色色、莫衷一是，但总体上可以归纳为两大类，即外来说和自生说。

2. 外来说

外来说认为地球上的水来自太空，是地球凝聚形成时从宇宙空间捕获含有水分的球粒陨石而得来的。当含有水分的球粒陨石飞临地球时，其中大量的冰核被地球引力捕获，经过几十亿年的积累，形成了今天地球上的水圈。人们发现，一般的球粒陨石含有 0.5%～5%的水，有的高达 10%。此外，当太阳风到达地球大气圈上层时，也会带来大量的氢核、碳核、氧核等，各原子核通过与电子结合发生不同的化学反应会变化成为水分子，最终以雨雪形式落到地球上。

3. 自生说

自生说颇像人们通常的说法——“水是从天上掉下来的”。形成地球的原始星云中含有水或能够形成水分子的氢原子和氧原子。星云团不停地旋转、收缩，温度不断升高，密度不断加大，水在这样的高温高压下，在地球自转离心力的作用下，逐渐漂移到地幔上部，并随着火山喷发逸散到大气层，水蒸气遇冷后变成液态水降到地面。自生说中一个最有力的证据就是每次火山喷发时都伴有大量的水蒸气。

地球上的水在开始形成时，不论湖泊或海洋，其水量不是很多，随着地球内部产生的水蒸气不断被送入大气层，地表水量也不断增加，经历几十亿年的地球演变过程，最后终于形成我们现在看到的江河湖海。

无论是外来说还是自生说，都不同程度地存在着若干“假说”的因素。彻底揭开地球之水的来源这个谜底，还有待人们坚持不懈地去努力探索宇宙的奥秘和地球自身的奥秘。

第三节　地球表层有多少水

根据《联合国水会议文件，1977》，地球表层的总水量为 13.86 亿立方千米，约占地球体积的 0.13%。这些水以气态、固态、液态 3 种形式存在于大气层、海洋、河流、湖泊、沼泽、土壤、冰川、永久冻土、地壳深处以及动植物体内。它们互相转化，共同组成一个包围地球的水圈。假设把这些水均匀地铺在地球表面，可以形成一个厚度为 2700 米左右的水圈。

在 13.86 亿立方千米的总水量中，海水约为 13.38 亿立方千米，覆盖了地球表面积的 71%，冰川水约为 2406.4 万立方千米，地球上淡水的总量约为 0.36 亿立方千米。

全部淡水中 77.2%是以冰川和冰帽形式存在于极地和高山上，难以为人类直接利用。22.4%为地下水和土壤水，其中 2/3 的地下水深埋在地下深处。江河、湖泊等地表水的总量大约只有 23 万立方千米，可供人类直接利用的淡水资源十分有限。

因此，淡水是地球上最珍贵的资源之一。

第四节　地球内部也有水

1. 地球构造

地球内部的结构类似于一只煮熟了的鸡蛋，它分为三层。由地表向下依次为地壳、地幔和地核。

2. 地球内部到处都有水的存在

在地壳、地幔和地核中到处都有水的存在，并以不同的物理状态表现出来。

在地壳下部15千米以上是液态水带，这里的水具有普通水的结构。接近地表的地下水主要是溶滤作用下生成的淡水，当然也有咸水、盐水、卤水。

地壳下部15～35千米处是气水溶液，主要成分是水和二氧化碳。这里的地温达450摄氏度以上，由于温度高、压力大，故气水溶液的密度极高，几乎与固体相当。

地幔上部离地表35～100千米的深度，地温达1000摄氏度，因此，通常意义的水可能已经不存在。

虽然我们已经知道地球内部有很多水，地球内部的岩石大多是潮湿的，甚至以岩浆的形态涌动着。但是，日本科学家最新的研究还是让我们大吃一惊。他们的研究表明，地球内部储存的水要比地球上所有江河湖泊和海洋加起来的水还要多。而最近有报道，科学家在对地球内部深处扫描时发现在东亚大陆下面存在着一个巨大的水库，其中的水量相当于北冰洋的水量。

世界各国对地下水的开发利用日趋广泛，许多地区的地下水已成为最重要的供水源。据统计，在全世界工农业和生活用水总量中，几乎有 1/5 来源于抽汲的地下水。

第二章　了解我们身边的水

第一节　水的分子结构和特性

1. 水的分子结构

同其他所有物质一样，水由原子构成。正如英语中的 26 个字母通过不同的排列组合构成了不同的英语单词，各种不同的原子通过不同的组合构成了各种物质。

水分子由一个氧原子和两个氢原子组成，其分子式为 H_2O。所以水不是一种元素，而是一种化合物。

水分子中的两个氢原子和一个氧原子呈等腰三角形的共价键结构，氧原子在三角形的顶角，两个氢原子构成三角形的底边。每一个水分子都将相邻的 4 个水分子吸引在自己周围，形成一个四面体结构。水分子的这种特性，正是水具有许多物理、化学特性的关键所在。例如水在结冰时，水分子之间则形成六角形的环叠状点阵结构，所以，我们见到的雪花都是六角形的。

2. 水的特性

水是日常生活中最常用的物质，人们也因此熟知许多水的特性，如无色、无味，在0摄氏度时结冰，100摄氏度时汽化，能吸收大量的热能，能溶解许多物质，能形成晶莹的水珠等。水是一种不寻常的、奇妙的物质，它的特性和我们常见的大部分物质都不一样。它在我们的生活中无所不在，有许多鲜为人知的奇妙特性，正是这些奇妙的特性，给我们带来了丰富多彩的生活。

第二节　水家族的孪生兄弟

在水的家族中，实际上有三个孪生兄弟，“它们”的学名分别叫氕水（氕，读作“piě 撇”）、氘水（氘，读作“dāo 刀”）和氚水（氚，读作“chuān 川”）。

除了我们所熟知的水（氕水），还有不为人知的重水（氘水）和超重水（氚水）。这三个孪生兄弟都有哪些不同呢？

1. 氕水

氕水，是我们常见的最普通的水，在这个水的大家族中，普通的水占绝大多数（99.73%），其他水的数量都微乎其微。

2. 氘水

氘水，即重水，自然界中的重水很少，仅占普通水的0.02%左右。

重水与普通水看起来十分相像，它们的化学性质也一样，不过某些物理性质却不相同。普通水的沸点为 100 摄氏度，重水的沸点为 101.42 摄氏度；普通水的冰点为 0 摄氏度，重水的冰点为 3.8 摄氏度。此外，普通水能够滋养生命，培育万物，而重水则不能使种子发芽。人和动物若是喝了重水，还会导致死亡。不过，重水的特殊价值体现在原子能技术应用中，例如，制造威力巨大的核武器，需要重水作为原子核裂变反应中的减速剂。

3. 氚水

氚水，即超重水。氚水具有放射性，能发出 β 射线。地球上氚水的总量大约仅为 7～14 千克，所以氚水比氘水少得多。氚水的放射性特点，可在医学、生物、物理、化学等领域用于示踪研究。

大自然中的重水非常少，而超重水就更少了，只有靠人工的方法去制造。生产氚水的过程要消耗许多的能源，而且生产过程很漫长，一个工厂一年也只能制造几十公斤氚水，所以超重水的价格比重水还要贵上万倍，比金子要贵几十万倍。

第三节　水 的 形 态

1. 水的三种形态

水是我们生活中最常用的物质，水也具有许多不寻常的特性。例如，在地球正常的气温范围内，水在自然界中能以三种形态同时存在：固态、液态和气态。冰是固态，水是液态，水蒸气是气态。

自然界中，高山顶部的积雪和极地的冰层都是固态的水，海洋、河湖及湿地等由液态的水组成，而水分蒸发进入大气则是气态的水。正因为如此，地球上不同状态的水才能互相转换，形成循环。同时，这一过程也造就了地球表面纷繁复杂的天气及气候现象。

2. 三种形态的转化

水从固态变液态叫融解，如冰融化成水。

水从液态变气态叫蒸发，如水蒸腾后成为水蒸气。

反之气态变液态叫凝结，如水蒸气凝结成水。

液态变固态叫凝固，如水凝固成冰。

水也可以直接从固态变气态，叫升华。

水还可以直接从气态变固态，叫凝华，如在寒冷的冬夜，室内的水蒸气常在窗玻璃上凝华成冰晶。

第四节　有“个性”的水

1. 沸点

在一个大气压下，水的沸点为 100 摄氏度。所以，家里烧水时，当水达到 100 摄氏度时，就会沸腾。

可是，若在海拔 4 千米的高山上，水会在 80 摄氏度左右就沸腾。这是因为随着压力的减小，水的沸点会降低；反之，当压力增大时，水的沸点会相应增高。在海拔 4 千米的高山上，随着海拔的增加，大气压力降低，水的沸点也就降低了。

所以在高原上做米饭或者煮面条时必须使用压力锅，否则就会做成夹生饭。平常人们经常使用高压锅来烹调食品，在高温高压的锅炉中，随着压力的增加，水的沸点会达到 200 摄氏度以上。

2. 冰点

(1) 冻手的冰。

生活常识告诉我们，如果用手去摸冰块，手会被冻得通红。

(2) 烫手的冰。

也许好多人都不知道，还有一种冰，当你去摸它时，会发现这种冰是热的。

水在一个大气压下的冰点为 0 摄氏度，随着压力的增加，冰点会逐渐降低，但是当压力超过 2200 个大气压之后，冰点又会随压力的增加而升高，呈现一种反常的规律。如在 3530 个大气压时，水的冰点为－17 摄氏度；当压力增加到 6380 个大气压时，冰点为 0 摄氏度；在 16500 个大气压时，冰点为 60 摄氏度；在 20670 个大气压时，冰点为 76 摄氏度，就可能产生“热冰”或“烫手的冰”。

只是，生活中没有人能接触到这样的冰块。

3. 比热容

单位质量的水升高1摄氏度所吸收的热量称为水的比热容。

水的比热容比其他大多数物质都大，是因为水分子间有许多的引力，所以在同样受热的条件下，相对于其他物质如空气、岩石等，水温提高时吸收的热量要多得多。

水的这种特性反映在气候学上，就是通常所说的海洋性气候和大陆性气候。

（1）海洋性气候。由于海洋中巨大水体的热容量很大，所以在气温变化时升温很慢，降温也很慢，故环境温度变化比较缓慢，气温在一昼夜内温差较小。在大江大河和大型湖泊、大型水库附近也具有这种效应。总之，不管是水库边还是海边，在同样受冷受热时温度变化较小，从而使夏天的温度不会上升得比过去高，冬天的温度不会下降得比过去低，使温度保持相对稳定，成为一个巨大的“天然空调”。

（2）大陆性气候。由于内陆地区干旱少雨，岩石、砂土的热容比小，所以升温快、降温也快，昼夜温差很大，西北内陆地区的最大日温差甚至超过20摄氏度。

4. 溶解热和汽化热

单位质量的冰在溶点时（0摄氏度）完全溶解为同温度的水所需的热量，叫做冰的溶解热。冰的溶解热远大于许多其他物质。因为水的这一特性，所以南极冰盖和北极海冰在维持地球的热平衡中发挥着至关重要的作用。

单位质量的液体转化为气体时需要吸收的热量叫汽化热。水的汽化热远大于其他各种液体。由于水的汽化热很高，所以在人们的生活、生产中得到广泛的应用。例如，大家所知道的瓦特发明的蒸汽机，日常生活中人们用蒸汽锅蒸饭菜，用蒸汽熨斗熨烫衣服，火电厂通过冷却塔让热水蒸发散热等。此外，蒸汽烫伤比开水烫伤更为严重，也是同样的道理。

5. 表面张力

一切物质分子间都存在吸引力。

在流体力学中，水分子是在不断做布朗运动的，水分子间互相存在吸引力，分子间的距离越小，吸引力就越大，这就是水的内聚力。水分子的这种内聚力使得水表面自动收缩到最小的趋势，就在水表面形成了表面张力。

水的表面张力造成了一系列日常生活中可以观察到的特殊现象。例如，我们会看见一些昆虫能在湖面上行走而不沉入水底，就是因为它们被水的表面张力支撑住了。同理，把硬币或回形针放在水面上不会沉下去等，都是水的表面张力起作用的结果。

6. 附着力

不同物质分子间的吸引力称为附着力。

附着力和表面张力是独立存在的力，有其客观存在的本质区别。

水的附着力在生活中也随处可见。例如玻璃看起来光滑晶亮，可是只要沾上了水就会有种种麻烦：下雨的时候，车前窗玻璃上的雨水挡住了司机的视线，很不安全，于是只好开动雨刷器，把雨水排去；戴眼镜的人，在喝热水的时候，镜片立即蒙上一层雾气，挡住了视线，什么东西也看不见了。

附着力是水的另一个重要特性。水在细口径的容器（不含油质）中会沿着管壁向上“爬”一段距离，口径越细，上升的距离越大。在土壤中也存在着许多类似细玻璃管的通道，称为毛细管，地下水可以沿着毛细管上升一定的高度，土壤颗粒越细，上升高度越大。正是依靠这种毛细管作用，农作物才能从土壤中吸取水分并输送到植物体的各个部位。

第五节　造福天下的特性

1. 与众不同的溶解能力

水是生活中最常见的“万能溶剂”，很多东西放在水里时都会发生溶解现象，这也是生活中离不开水的重要原因。水可以溶解世界上 100 多种元素中的 50 多种，尽管对有些物质的溶解速度非常缓慢，溶解量也很小。所以，普通的水中总是或多或少地含有各种各样的杂质，包括各种离子和气体。

水能够溶解多种物质的特性，在人们的日常生活、工农业生产和科学实验中都非常有用。但凡事有利就有弊，水的这种特性使其很容易受到各种有毒有害物质的污染。

2. 光合作用

光合作用是植物特有的一种生命功能，是植物、藻类和某些细菌，在可见光的照射下，经过光反应和暗反应，利用光合色素，将二氧化碳（或硫化氢）和水转化为有机物，将光能转化成化学能储存在有机物中，并释放出氧气（或氢气）的生化过程。水在光合作用的过程中扮演着不可替代和不可或缺的重要角色。

光合作用是一个极为复杂的生物化学反应过程，是一系列复杂的代谢反应的总和，是生物赖以生存的基础，这个过程为地球上的所有生物提供了物质来源和能量来源，在维持大气圈的氧气和二氧化碳平衡中发挥着至关重要的作用。

第六节　奇妙的热缩冷胀现象

1. 热胀冷缩和热缩冷胀

世界上绝大多数物质都遵从热胀冷缩的规律，即温度升高时体积增大、密度减小，反之则体积缩小、密度加大。例如夏天的路面有时会向上拱起，就是因为夏天温度高，太阳曝晒引起的路面膨胀。

在一般情况下，水也具有这种热胀冷缩的特性。和大多数的物质不同，水还有着很奇妙的另一种特性——热缩冷胀。

水在4摄氏度以上时的确遵循热胀冷缩的规律。

水在0～4摄氏度时却呈现热缩冷胀的反常规律，即随着温度升高，水体积缩小，密度增加，到4摄氏度时密度最大。反之，当水温从4摄氏度下降到0摄氏度时，水的体积增大，密度减小。水的这一反常性质，对江河湖泊中的动植物的生命有着重要的影响和意义。

2. 假如水总是热胀冷缩，后果会多么可怕

我们知道，自然界的水总是从表面开始冷却的，表面水温总是低于下面的水温。那么，在4摄氏度以上的水从高于4摄氏度的温度向4摄氏度降低的过程中，由于是正常的热胀冷缩，所以上层的水密度会大于下层的水的密度，于是上层水下沉，下层水上升，从而形成对流，整个水体会很快达到相同的温度。

在水温从4摄氏度向0摄氏度降低的过程中，由于热缩冷胀，所以上层水的密度小于下层水的密度，不会再下沉！下层的水也不会再上升，于是没有了对流现象，水的温度不再均匀。当表面的水结冰后，冰与水混合物温度为0摄氏度，于是，从表面到底部水温逐渐升高，由于4摄氏度水的密度最大，因此河底的水温为4

摄氏度，湖泊中生存的动植物就可以在靠近湖底的 4 摄氏度的水中安然过冬，免遭冻死的厄运。

我们可以知道结果了：假如没有水的反常膨胀，那么在水温从 4 摄氏度向 0 摄氏度降低的过程中，整个水体会达到相同的 0 摄氏度，最终会全部结成冰！于是所有的生物都会被“冻住”！

如果真的这样，地球上的生命就不可能进化，人类也不可能诞生了！

似乎水的这种反常特性就是为了生物以及人类的产生而特意设定的。

好神奇啊。

第三章　上天入地的水

第一节　水　循　环

1. 蒸发，上天的水

你刚刚洗完手，顺手甩了甩手上的水珠子。此时，阳光普照，明媚温暖。于是，甩出的水珠子蒸发了，变成了水蒸气。

这个水分子蒸发的过程，也就是它在阳光中获取足够的能量，进而改变形态的过程。当空气干燥、风力加大、阳光充足、温度升高时，水分子蒸发的过程就进行得比较快，否则蒸发的过程就相对缓慢。

就这样，大量的水在太阳照射下，不断地从水面和陆面蒸发。同时，植物也会蒸发出相当的水量。植物通过根系从土壤中汲取水分，并通过树叶将这些水分蒸发。这个过程称为蒸腾。不要小看植物的蒸腾，每年通过蒸腾作用输送到大气中的水的总量是相当惊人的。有人做过统计，以一株白桦树为例，通过树叶蒸腾的水量，一天就能达到 260 升。

水蒸发后，变为水汽升上高空，会被气流输送到其他地区，凝结后变成降水回落到地面和海洋。

2. 降水，入地的水

当水蒸气进入大气后，热空气将它输送到高空。越往高处，空气越冷，水蒸气开始凝结。随着越来越多的水蒸气凝结，云层中的小水滴会变得又胖又重，最终以雨、雪、冰雹等形式落回地面。这个过程就是降水。

当降水直接落到地面，一部分水当即就蒸发了，而另一部分水则从地面流入河流、湖泊，或者渗入地下成为地下水。

降水是地球表面和地下所有淡水的来源。

3. 径流，汇聚江河的过程

下雨时，一部分水会立刻蒸发，还有一些水会渗入到土壤，进入地下成为地下水。还有一部分的水，通过不同路径进入河流、湖泊或海洋的水流，称为径流。

降水是径流形成的首要环节。径流是地球表面水循环过程中的重要环节。

下雨时，部分在地表上流动的水称为地面径流或地表径流。

降在河槽水面上的雨水可直接形成径流。

影响径流的因素有降水、气温、地形、地质、土壤、植被和人类活动等。

4. 水循环，全球的过程，上天入地的过程

地球上的水在太阳的照射下，不断从水面和陆面蒸

发，变为水汽升上高空，又被气流输送到其他地区，遇冷凝结后又以降水的形式回落到地面和海洋。水的这种不断蒸发、输送、凝结形成降水的循环往复过程叫做水循环。

地球上的水循环通过四条途径完成，即降水、蒸发、水汽输送和径流。

5. 水循环给我们带来哪些好处

水循环系统是一个涉及众多环节的庞大的动态系统。地球上的水圈在太阳能、地心引力和大气环流等原动力的作用下，始终处于不断的演化和循环运动中。这种演化，包括水的固态、液态、气态之间的物理形态转变，也包括大气水、地表水、土壤水、地下水之间的转化和空间位置的移动。

水循环会给我们带来哪些好处呢?

第一，水循环维持全球水量平衡，使人类赖以生存的淡水资源得到不断更新，使水成为一种可重复利用的再生性资源。

第二，水循环对地表太阳辐射能的吸收、转化、传输和调节的作用，缓解了不同纬度热量收支不平衡的矛盾。水循环也使各个地区的气温、湿度等不断得到调整，有效避免了极端气候现象的出现。

第三，水循环是海陆间联系的主要纽带。一方面通过水循环，海洋向陆地不断供应淡水，滋润着土地，哺育着生命；另一方面陆地径流源源不断地向海洋输送大量的泥沙、有机物和营养盐类。

第四，水循环是自然界最富动力作用的循环运动，不断塑造着地表形态。

总而言之，水循环是地球上最活跃的物质和能量循环之一，它深刻而广泛地影响着全球的地理环境。无论是对自然界还是对人类社会，水循环都具有非同寻常的意义。

第二节　水　　量

1. 降水量

降水量是指在一定时段内降落到地面上的雨、雪、雹以及水汽凝结物露、霜的总量。

降水量是衡量一个地区降水多少的数据，其单位是毫米。

把一个地方多年的年降水量平均起来就称为这个地方的“多年平均年降水量”。多年平均年降水量是描述该地气候的一个重要指标。一个地区的水资源多少主要取决于当地的平均年降水量。

2. 蒸发量

蒸发量是指在一定时段内，水分经蒸发而散布到空中的量，通常用蒸发掉的水层厚度的毫米数表示。

一般温度越高、湿度越小、风速越大、气压越低，蒸发量就越大；反之蒸发量就越小。土壤蒸发量和水面蒸发量的测定，在农业生产和水文工作中非常重要。雨量稀少、地下水源及流入径流水量不多的地区，如果蒸发量很大，则易发生干旱。

蒸发使地面的水分升到空气中，而降雨降雪是空气中的水分落到地面上。它们不仅是两个相反的过程，也是相互依存的两个过程。如果地面上的水分不再通过蒸发进入空气中，天空中也不会有降水，地球上自然也看不到雨雪了。

蒸发不仅与降水相互依存，它们还与地面的河流有关。在极度干旱的地区，降水量很小。它的实际蒸发量与降水量是相等的。那里的地面上没有河流，连干枯的小河沟也没有。广大的沙漠地区就是这样的。

3. 干旱指数

干旱指数为年水面蒸发量与年降水量的比值，是反映一个地区气候干湿程度的综合指标。当年水面蒸发量大于年降水量时，干旱指数大于1，当年水面蒸发量小于年降水量时，干旱指数小于1。干旱指数示意见表3-1。

按干旱指数分类，中国干旱指数小于1.0的湿润区和十分湿润区主要分布在秦岭—淮河以南、四川盆地西侧和云贵高原中部以东地区，其间江南丘陵、浙江沿海山地、武夷山区、两湖平原周边山地、四川盆地西侧山区以及广西北部山区等地为十分湿润区，干旱指数均小于0.5。东北地区大兴安岭北部、小兴安岭山区、完达山附近沿乌苏里江一带以及张广才岭与长白山区等山地的干旱指数在1.0以下，是我国北方的湿润区。干旱指数大于3.0的干旱半干旱区分布在西部，除新疆北部天山、西南部昆仑山西端山地外，黄河河套以西、祁连山以北地区，柴达木盆地、塔里木盆地、准噶尔盆地、藏北高原西部等地区干旱指数均在10.0以上。干旱指数为1.0～3.0的半湿润区主要分布在华北和东北地区。

表3-1　　干旱指数示意表

干旱指数分区	干旱指数
十分湿润区	<0.5
湿润区	0.5～1.0
半湿润区	1.0～3.0
半干旱区	3.0～7.0
干旱区	>7.0

4. 地表水资源量

地表水由分布于地球表面的各种水体，如海洋、江河、湖泊、沼泽、冰川、积雪等组成。

地表水资源是人类生活用水的重要来源之一，一般是指陆地上可实施人为控制、水量调度分配和科学管理的水。

地表水资源量用多年平均河川径流量表示。

有资料表明，全国地表水资源量约为2.77万亿立方米，假设这些水可以平铺在全国的国土面积上，其厚度约为293.1毫米。

5. 地下水资源量

地下水资源量是指区域内降水和地表水对饱水岩土层的补给量，包括降水入渗补给量和河道、湖库、渠系、渠灌田间等地表水体的入渗补给量。

地下水资源量的大小与该地区该时段的降水量大小和强度，当地湖泊、水库等的分布面积，人工回灌的规模，地下水埋深等多项因素有关。由于各年的降水量大小及强度、地表水体特征、地下水埋深等因素各不相同，各年的地下水资源量也不相同，有时差异很大。

6. 水资源总量

水资源总量由两部分组成：第一部分为河川径流量，即地表水资源量；第二部分为降雨入渗补给的地下水量，即地下水资源量中与地表水资源不重复的水量。

2017年，我国水资源总量约为2.87万亿立方米，其中地表水2.77万亿立方米，地下水0.83万亿立方米。由于两者相互转换、互为补给，要扣除重复计算量0.73万亿立方米。

7. 我国是一个缺水的国家吗

我国国土辽阔，数以万计的江河湖泊，像闪光的项链和名贵的珠宝镶嵌在祖国大地上，并由此构成了丰沛的水系网络。我国的淡水资源总量为2.9万亿立方米，占全球水资源的6%，仅次于巴西、俄罗斯、加拿大、美国和印度尼西亚，居世界第6位。就总量来说，我国是一个水资源比较丰富的国家。

我国的水资源总量虽然不少，但并不意味着这些水量都能够利用。有一部分水必须用于维持自然生态系统的基本需要，河流、湖泊、森林、沼泽等都需要足够的水量，以维持自身及自然界各系统的平衡，实现整个生态环境的和谐和可持续发展。

我国的水资源，其时间和空间分布皆不均匀，夏季水多，冬季水少，南方水多，北方水少。而东南部工业化、城市化和经济发展水平相对较高，绝大部分是水资源丰富的湿润区和半湿润区；西北部工业化、城市化和经济发展水平相对较低，绝大部分是降水稀少、气候干旱、水资源短缺的内陆干旱区和半干旱区。更重要的是，我国是一个人口大国，约2.87万亿立方米的总水量，按人口平均就显得稀少。

联合国人居环境署给出用当地的人均水资源量来衡量水资源是否短缺的一套标准。人均水资源量低于3000立方米时，就可视为缺水，可能会在局部地区和个别时段出现用水问题；人均水资源量低于2000立方米，为中度缺水，表现为会周期性和规律性地出现用水紧张问题；人均水资源量低于1000立方米，为重度缺水，国家或地区会经受持续性的缺水考验，经济发展会有损失；人均水资源量低于500立方米，为极度缺水，将经受极其严重的缺水问题，需要从其他地区调水缓解。实际上，人均水资源量低于 2000 立方米，进入中度缺水程度时，便已不适宜人类居住，人均水资源量 1750 立方米被列为国际用水紧张警戒线。

我国的人均水资源量约 2100 立方米，仅为世界平均水平的 1/4 不到，平均到每亩耕地的水量也只有世界平均水平的 2/3，是全球人均水资源占有量最贫乏的国家之一。

第三节　关心身边的水质量

水是世界上最宝贵的资源之一。但是，由于管理不善、资源匮乏、环境变化及基础设施投入不足等原因，目前全球约有 11 亿人无法获得安全的饮用水。同时，水污染也进一步蚕食着大量可供利用的水资源，并危害着人类的健康。全球每年有许多人因饮用不洁水患病而死亡，其中大多数是不满 5 岁的儿童。

我国也面临严峻的水环境问题，全国约有 1/3 以上的工业废水和 80％以上的生活污水未经处理直接排入河湖，90％的城市水环境恶化。关心、保护身边的水质量，已经是每个公民义不容辞的责任。

1. 水质标准

不同的用途都有不同的水质要求，需要建立相应的水质标准。国家对各类水质标准均有严格规定，对各种用水在物理性质、化学性质和生物性质方面都有具体要求。根据供水目的的不同，存在着饮用水水质标准和农用灌溉水水质标准等。各种工业生产对水质要求的标准也各不相同。农田灌溉用水的水质一般需考虑 pH 值、含盐量、盐分组成、钠离子与其他阴离子的相对比例、硼和其他有益或有毒元素的浓度等指标。

2. 地表水水质标准

目前，我国的地表水水质评价标准采用国家标准《地表水环境质量标准》（GB 3838—2002，GB 表示国标，3838 表示标准号，2002 表示发布年代），由原国家环保总局发布。

3. 有关地表水水质的评价项目

地表水水质评价的项目有水温、酸碱值、溶解氧、高锰酸盐指数、化学需氧量、五日生化需氧量、氨氮、总磷、总氮（湖、库）、铜、锌、氟化物、硒、砷、汞、镉、铬（六价）、铅、氰化物、挥发酚、石油类、阴离子表面活性剂、硫化物、粪大肠菌群共 24 项；集中式生活饮用水地表水源地补充评价硫酸盐、氯化物、硝酸盐、铁、锰 5 项。

4. 地表水水质的分类

依据地表水水域环境功能和保护目标，地表水水质分为五类。

Ⅰ类：主要适用于源头水、国家自然保护区。

Ⅱ类：主要适用于集中式生活饮用水水源一级保护区、珍稀水生生物栖息地、鱼虾类产卵场、仔稚幼鱼的索饵场等。

Ⅲ类：主要适用于集中式生活饮用水水源二级保护区、鱼虾类越冬场、洄游通道、水产养殖区等渔业水域及游泳区。

Ⅳ类：主要适用于一般工业用水及人体非直接接触的娱乐用水区。

Ⅴ类：主要适用于农业用水及一般景观要求水域。

5. 地下水水质为什么有硬有软

水的硬度是指水中钙离子、镁离子的浓度。自然界中的水大多含有无机盐，主要是钙离子和镁离子。地下水含的钙离子、镁离子的浓度不同，所以水质有软有硬。

含有少量钙离子、镁离子的水称为软水；含有大量钙离子、镁离子的水称为硬水。一般规定，每升水中含有 10 毫克的氧化钙时水的硬度为 1 度，硬度低于 8 度的水为软水，硬度高于或等于 8 度的水为硬水。世界卫生组织制定的《饮用水水质标准》中规定，饮用水的硬度不能超过 28 度；我国饮用水的水质标准规定，水的硬度不能超过 25 度。轻度和中度硬水甘甜可口、有益于身体健康，而高度硬水味道苦涩，软水则淡而无味。

我国地域辽阔，各地水质软硬度也程度不一，但总的来说，我国地下水矿化度从东南沿海向西北递增，有南方水软北方水硬的特点。高原山区水质一般硬度偏高，平原与沿海地区的水质硬度偏低，地下水的硬度一般高于地表水。

一般饮用水的适宜硬度以10～20度为宜。

第四节　水质污染

1. 水体污染

在人类的各种活动中，有工业生产过程排出的废水、污水和废液等工业废水，有人们日常生活中排出的生活污水，有大量使用农药和化肥后的农田排水等。这些水体中的污染物数量超过水体的自净能力时，导致其化学、物理、生物等方面的特征发生改变，使水体使用价值降低或丧失，若继续使用，就会产生危害人体健康或破坏生态环境的后果。这种现象称为水体污染。

2. 污染源分类

水污染源包括工业污染源、农业污染源和生活污染源三大类。

工业废水是水域的重要污染源，具有数量大、成分复杂、毒性大、不易净化、难处理等特点。水体受工业废水等污染物污染后，水中各种无机和有机化学物质超过一定含量，可引起急性、慢性中毒甚至致癌、致畸等危害。

农业污染源包括牲畜粪便、农药、化肥等。农业污水中，有机质、植物营养物及病原微生物含量高，农业生产过程中使用的大量农药、化肥也会随表土流入江、河、湖、库，造成不同程度的富营养化污染，致使水质恶化。

生活污染源主要是城市生活中使用的各种洗涤剂和污水、垃圾、粪便等。

日趋加剧的水污染，对人类的生存安全构成重大威胁，成为人类健康、经济和社会可持续发展的重大障碍。

第四章　水的世界有烦恼

第一节　南方水多　北方水少

降水是水资源的最主要来源。在我国，年降水量的地区分布由东南向西北递减。分布状况是南方多、北方少，山区多、平原少。

我们来看一下我国地形。我国的地势是西高东低，东西宽 5200 多千米，南北长 5300 多千米，跨越了热带、亚热带、暖温带、寒温带、寒带等气候区，各地气象条件差别很大，对降水和径流产生了重大影响。

大体来说，我国自西向东大体可分为三级阶梯：最高一级为青藏高原，地面高程多在 4000 米以上，大气稀薄，降水稀少，到靠近高原边缘地区降水才逐渐增多。第二级阶梯为青藏高原以北和川东地区，地面高程在 1000～2000 米。由于夏季季风的北缘可以深入到第二级阶梯地区上空，故其年降水量明显比第一级阶梯地区有所增多。第三级阶梯为大兴安岭、太行山、巫山和云贵高原以东的广大丘陵平原地区，直到海边，大部分山丘区高程在 1000 米以下，滨海平原高程则在 50 米以下。在第三阶梯地区上空，夏季季风活动频繁，降水丰沛。

我国东南部地区季风活动频繁，有来自太平洋东南季风的影响，也有来自印度洋西南季风的影响，降水量充沛。而西北部地区受高山和高原的阻挡，季风一般不能到达，基本属大陆性气候，降水较少。此外，我国东部在每年夏秋季常受西太平洋的热带气旋影响，东南部降水增加。

这就是我国水资源南多北少的总体格局。南方地区多年平均年降水1204毫米，相应降水量41889亿立方米，降水面积占全国的36%，降水量占全国的68%；北方地区多年平均年降水深330毫米，相应降水量2万亿立方米，降水面积占全国的64%，降水量占全国的32%。

第二节　夏秋水多　冬春水少

我国的大部分地区，夏季雨量较多。我国的东部地区，往往在夏季发生强度大、范围广的暴雨。山地、丘陵和高原等地区常因此引发山洪、泥石流等灾害。

根据多年的观测统计资料，我国南方地区，夏秋季的多年平均降水量约为多年平均年降水量的60%；北方地区夏季的多年平均降水量超过多年平均年降水量的70%，其中华北、东北、西北内陆河等局部地区可达80%以上。

这是因为我国地处亚欧大陆和太平洋之间，海陆之间的强大热力差异使得我国季风气候明显。夏季的东南风从海洋带来水汽，遇到冷空气降下雨水，所以夏季多降水。特别是强冷与强热气团相遇，产生大量雨水。受季风影响，降水也表现出季节性。降水量大的时候有时会造成洪涝灾害，降水量小的时候，又容易造成干旱。

而冬天从陆地吹向海洋的西北风没有挟带水汽，所以降水少。

第三节　丰水年　枯水年

一般说，丰水年是指年降水量较大的那些年份，而那些年降水量较小的年份就被称为枯水年。从水文学概念上说，丰水年是指年径流量大于多年平均年径流量的年份，而枯水年是指年径流量小于多年平均年径流量的年份。

有时候会出现连续多个丰水年或枯水年，也就是民间常说的连年大水或连年大旱。

第四节　水多水少如何调节

1. 自然调节

自然调节主要通过冰川和积雪、湖泊、湿地、地下水含水层、土壤、森林等来调节。

冰川和积雪是巨大的固体水库，在冬季，冰川和积雪把降水以固体状态储存起来，待春天回暖，气温回升后慢慢融化，以补给河川径流。

湖泊、湿地是巨大的天然蓄水库，湖泊和湿地会利用自身的优势，容纳贮存当地当时的过量水分，并缓慢地释放，从而将水分在时间上和空间上进行再分配。

地下含水层是一个巨大的地下水库，可以把降水、地表径流以及灌溉回归等补给的水量储存起来，待干旱缺水季节，供人们开采使用。

土壤中也含有土壤水，其中相当大的一部分可供农作物和天然植被吸收利用。

森林的树冠、地表的枯枝落叶和松软的表层土壤都可以截留和涵蓄一部分降水，被誉为天然的生物蓄水库。在一定条件下，大面积的茂密森林可以在汛期起到削减洪峰或迟滞洪峰的作用。在旱季，森林又可以慢慢释放其涵蓄的水量，对河川径流起到一定的补给作用。森林还可以减小暴雨和径流对地表的侵蚀能力，防止或减少水土流失。草地和灌木林也具有一定的涵蓄水分和水土保持能力。

2. 人工调节

人工调节主要通过蓄水工程、引水工程、提水工程等来调节。

蓄水工程（如通过修建水库）拦截上游来水，调蓄水量。

引水工程（如修建渠道）把水流引到需要用水的地点。

提水工程［如扬水站（泵站）］作用就是把原来位于低处的水抽到高处，以满足用水需求。

此外，水利部门还会通过地表水和地下水的联合调度、合理配置，对水资源的时间分布进行调节，以满足工农业生产和城市生活对水资源的需求。地下水年供水量也是全国总供水量的重要组成部分。

还可修建调水工程，通过从水资源相对丰富的地区向资源型缺水地区调水，达到水资源合理配置的目的，如南水北调工程。

第五章　探寻水的藏身之地

第一节　河　　流

1. 地球的血脉——河流

蔚蓝色的地球上，有着一条条长长的飘带，纵横千里，奔腾入海，这一条条的飘带，是大自然的造化，也有的是人类的杰作。那就是地球的血脉——河流。

河流是有生命的。河流的进化，创造了地球上最伟大的活力，创造了人类最为灿烂的文明。自古以来，人们逐水而居，与水为邻，演绎了地球上最伟大的故事。

没有河流，就没有人类的智慧和文明；没有人类，河流也就失去了最丰富多彩的篇章。

一条河就是一部人类文明史。

2. 河流是如何形成的

当下大雨时，地面就会有越来越多的积水，积水会在重力作用下向低处流动，地面坡度越大，水的流速越快，汇集的水量也越多，就会形成一条条的沟壑。水流不断向下运动，水量不断加大，沿途又汇集山泉和地下暗流，冲刷能力不断增强，沟壑的深度和宽度不断加大，无数条涓涓细流就发育成为浩浩荡荡、一泻千里的江河。

河流一般都发源于山区，有高山才有大河，所以高山为河流之母。此外，也有高山湖泊溢流成河，泉水或地下暗流汇集成河的。

河流的形成主要受降水和地形的影响。降水多、落差大、地形上有利于水流汇集，这是大江大河发育的基本条件。

不同地区的自然环境塑造了不同特性的河流，同时，河流的活动也不断改变着与河流有关的自然环境。当外部的自然环境发生重大变化时（如剧烈的地质活动、气候上的突变等），河流本身的走向、形态或径流会出现较大的变化，导致新的河流发育形成，原有的河流衰退甚至消亡。从这些意义上讲，河流也有其从诞生到消亡的生命过程，但这种过程是十分漫长的。

江河承载着的水是一切生命的源泉，它不仅创造了人类社会不朽的文明，还为人类提供了赖以生存的水资源。江河巨大的物质资源和精神资源是人类生存不可或缺的宝贵财富。

3. 如何区分江河川溪

一般把长度大、河道宽、水量充沛的大河称为“江”，如长江、珠江、黑龙江、松花江、澜沧江、怒江等。

“河”则是一种比较通用的叫法，一般没有大小之分，如黄河、淮河、海河、黑河等。

河流可称为“水”，如汉水、沅水、资水、澧水等。

古时也把大河叫“川”，这是一个象形字，表示水流或由水流形成的大山沟，如四川的省名有一种说法就是由境内的雅砻江、岷江、沱江、嘉陵江四条大河而来的。

在丘陵和海岛上，有些河流坡陡流急，但长度较短，被人们称为“溪”，如台湾的浊水溪，福建的沙溪、建溪、栏溪等。

在喀斯特地貌发育的石灰岩地区，有的河流在地下溶洞中流动，称为地下河。

除了天然河道以外，世界各国还有无数的人工河（渠道或运河）。

每条河流从源头到河口的主要水道称为干流，沿途汇入的次一级河流称为支流。

河流水系由于受地形、地质的影响，会发育成不同的平面形状。有的呈树枝状（绝大多数河流都呈树枝状），梳子状（各支流大致平行，如淮河中上游的颍河、涡河、汝河等），格子状（如杭嘉湖平原河网），网状（如珠江三角洲的河网），放射状（如塔里木河水系）等。流域内干支流总长度与流域面积之比称为河网密度。

4. 河流与人类文明

世界上的古代文明都与著名的大江大河有着不解之

缘。如非洲尼罗河洪泛区的灌溉农业，孕育了6000年前的古埃及文明。中东地区的两河平原（底格里斯河和幼发拉底河），孕育了闻名于世的古巴比伦文明。恒河和印度河在4500多年前就为当地居民提供了灌溉、放淤、渔猎之利，孕育了印度古代文明。

长江是我国第一大河，也是亚洲第一大河，它发源于青藏高原格拉丹东雪峰西南侧的冰川，流经青海、西藏、四川、云南、重庆、湖北、湖南、江西、安徽、江苏和上海11个省（自治区、直辖市）。干流全长6300千米，在上海汇入东海。长江流域水能蕴藏量居全国之首。长江是极富航运之利的黄金水道。长江三角洲区域是我国经济最发达的地区之一，正在日新月异地缔造着远超前人的伟大文明成就。

黄河是我国第二长河，它发源于青海省巴颜喀拉山，一路汹涌奔腾，势不可挡，穿越青藏高原、黄土高原、内蒙古高原、华北平原，蜿蜒东流，流经青海、四川、甘肃、宁夏、内蒙古、山西、陕西、河南、山东9省（自治区），在山东省东营市垦利区注入渤海。远古时期，我国境内的原始先民就繁衍和生活在黄河流域。广袤的黄河流域，气候温和，水文条件优越，有利于农作物生长。

5. 七大水系

我国的七大水系是松花江水系、辽河水系、海河水系、黄河水系、淮河水系、长江水系、珠江水系。

6. 内陆河

内陆河也叫内流河，指由内陆山区降雨或高山融雪产生的、不能流入海洋、只能流入内陆湖泊或在内陆消失的河流。这类河流大多处于大陆腹地，远离海洋，得不到充足的水汽补给，干旱少雨，水量不丰，而山峦环绕、丘陵起伏的地形又阻断了入海的通路，最终消失在沙漠里或汇集于洼地形成尾闾湖。如我国的塔里木河、乌裕尔河等。

世界第一长的内流河是伏尔加河，位于俄罗斯西南部，全长 3690 千米，是欧洲最长的河流，也是世界最长的内流河。

我国最长的内流河是塔里木河，位于新疆维吾尔自治区塔里木盆地，由发源于天山山脉的阿克苏河、发源于喀喇昆仑山的叶尔羌河以及和田河汇流而成。流域面积 102 万平方千米，塔里木河干流全长 2127 千米，为世界第五大内陆河。

7. 跨界河流

跨界河流是指跨越国境线或构成国境线的河流（包括跨界湖泊）。跨界河流可分为纵向跨界（国外一般称为连接型水道）和横向跨界（国外一般称为毗邻型水道）两类。

纵向跨界是指河流与国境线相交，上下游分别在不同国家领土内；横向跨界是指河流（或湖泊）正好位于国境线上，河流的两岸分别位于不同国家的领土上，一般以河流中心线或主航道中心线为两国的边界线，河流水体属两国共同拥有。

界湖水域则一般以界湖两侧陆地界桩的连线作为两国的边界线，边界线两侧的水域分别属于相应的国家所拥有。在跨界河流中，有的河流既有纵向跨界的河段，也有横向跨界的河段。

我国的跨界河流主要分布在东北、西南和西北地区，主要跨界河流有 80 余条，主要跨界湖泊有 4 个（东北地区的兴凯湖、长白山天池、贝尔湖和西北地区的班公错）。

8. 壮观的瀑布

瀑布是水流与特殊地形结合的产物。水流从悬崖陡坎飞泻而下，或如一道水幕从天而降，轰鸣如雷，气势磅礴。我国目前已经发现的主要瀑布有 300 处，大多分布在西藏、四川、贵州、浙江、台湾、福建、江西、广西、广东、云南及北方部分地区，其中知名度最高的要数黄果树瀑布和壶口瀑布。

黄果树瀑布位于贵州省安顺市镇宁布依族苗族自治县境内的打帮河（北盘江支流）上，瀑布宽 81 米，高 74 米，是世界上著名的瀑布之一。在黄果树瀑布附近，还有 20 多个比较著名的瀑布。例如，螺蛳滩瀑布宽 120 米，高 31 米；关脚峡瀑布分为三级，总落差 141 米；关岭大瀑布分七级十三层，总落差 410 米。

壶口瀑布位于晋陕交界处的黄河干流峡谷中，宽 50 米，高 17 米。滔滔黄河在这里从 250 米的宽度猛然收缩到 50 米，水流飞溅，巨浪翻滚，犹如一把巨大的水壶往外倒水，故称“壶口瀑布”。

西藏雅鲁藏布江大峡谷中的瀑布群是全国水量最大的瀑布群，其中藏布巴东瀑布高 33 米，宽 118 米；大浪瀑布高 35 米，宽 62 米；绒扎瀑布高 30 米，宽 70 米。这几个瀑布平均流量达 1900 立方米每秒，年径流量达 600 亿立方米。

全国最宽的瀑布是四川九寨沟的诺日朗瀑布，宽 140 米，高 30 米。宽度超过 100 米的瀑布还有贵州陡坡塘瀑布（宽 105 余米）、广西德天瀑布（宽 100 余米）。

千姿百态的瀑布是大自然馈赠给人类的奇观，是极为宝贵的休闲旅游资源。随着人们的探索发现和旅游业的发展，许多过去鲜为人知的飞瀑美景正在不断地从大自然的宝库中被发掘出来，为我国的锦绣河山增光添彩。

第二节　湖　　泊

1. 地球的天然水库——湖泊

湖泊是陆地上较封闭的天然洼地中蓄积着停滞的或流动缓慢的水体。星罗棋布的湖泊是地球陆地水的组成部分，有着“天然水库”的美誉。它不仅为江河大川调节洪枯，而且蕴藏着丰富的淡水资源。

2. 湖泊的分类

湖泊是由湖盆、湖水和湖水中所含的矿物质、溶解质、有机质以及水生动植物所组成的自然系统，是陆地水圈的组成部分。世界上的湖泊形形色色，种类繁多。

按湖泊水深划分，可分为深水湖泊、浅水湖泊。

按湖水含盐量划分，可分为淡水湖泊（含盐量小于1克每升）、咸水湖泊（含盐量1～50克每升）、盐湖（含盐量大于50克每升）。

按湖泊所在水系划分，可分为外流湖泊、内陆湖泊。

按湖泊成因划分，可分为构造湖、火（山）口湖、堰塞湖、冰川湖、岩溶湖、风成湖、河成湖、海成湖等。

按湖泊面积划分，又可以分为特大型湖泊（大于1000平方千米）、大型湖泊（500～1000平方千米）、中型湖泊（100～500平方千米）、小型湖泊（小于100平方千米）。

此外，随着人类大量修筑各类堤、坝，形成了许许多多的人工水面，所以湖泊又有了天然湖泊和人工湖泊之分。

湖泊的名称在不同时期和不同地区也各不相同。除了通常使用的“湖”之外，还有泽，如云梦泽、潴野泽；泊，如罗布泊、梁山泊；洼，如团伯洼；海，如洱海、岱海、居延海、中南海、什刹海；池，如滇池、天池；淀，如白洋淀；潭，如日月潭；塘，如官塘；荡，如元荡、钱资荡；漾，如麻漾、长漾等。此外，还有许多地方方言和少数民族语言。在藏语中，把湖泊称为“错”，如纳木错、班公错；在东北地区，有的湖泊称为“泡”，如连环泡、月亮泡；在青海，有的湖泊称为“茶卡”，如柯柯茶卡；在内蒙古，湖泊叫“诺尔”或“淖”；在新疆，有的湖泊叫“库勒”等。

3. 湖泊的成因

在地壳运动中因断陷、沉陷而形成构造盆地并储水所形成的湖泊叫构造湖。

火山喷发后由熔岩凝固形成火山口锥体并积水而形成的湖泊，叫火口湖。

由于火山熔岩堵塞河谷或由于地震等原因引起山崩、滑坡堵塞河道而形成的湖泊叫堰塞湖。

因冰川挖蚀形成洼坑或冰碛物堵塞冰川槽谷，积水形成的湖泊叫冰川湖。

由于碳酸盐类地层经水流溶蚀所形成的岩溶洼地、漏斗、溶洞等被堵塞而汇水形成的湖泊叫岩溶湖。

沙漠地区因风力作用，众多沙丘逐渐流动，形成沙丘链。沙丘链和沙丘链之间，形成链间盆地或洼地。如果这些沙丘间的盆地或洼地有降水或地下水补给，便形成风成湖。

因河流的水沙运动变化而形成的湖泊叫河成湖。

因泥沙淤积使海湾与海洋分离而形成的湖泊叫海

成湖。

咸水湖的前身一般都是闭流型或半闭流型的淡水湖。由于气候干旱、入湖河流矿化度高、蒸发量大于补给量，无排水口或排水量远小于入湖水量等综合因素，淡水湖就变成了微咸水湖或咸水湖。

4. 我国五大淡水湖

淡水湖是指湖水含盐量较低的湖泊。我国的淡水湖主要分布在长江中下游、淮河下游和山东南部，这一地带的湖泊面积约占全国湖泊总面积的1/3。我国主要的淡水湖都分布在这一地区，如鄱阳湖、洞庭湖、太湖、洪泽湖、巢湖。

第三节　湿　　地

1. 地球之肾——湿地

湿地顾名思义就是湿的地，湿地是“地球之肾”，是介于陆地生态系统与水生生态系统之间的过渡性生态系统。

根据各国普遍接受的《国际湿地公约》中对湿地的定义，湿地是一块水域，可以是天然的或人工的，长久的或暂时的，静止的或流动的，淡水、半咸水或咸水的，沼泽地、泥炭地或低潮时水深不超过6米的任何水域地带。

湿地资源主要包含生态资源、环境资源、经济资源、水利资源等，其中最突出的是生态资源。在湿地生态系统中，主要是水生植物和喜水性植物、水生动物和两栖类动物，以及水禽和候鸟。

2. 湿地的分类

湿地按自然属性可分为天然湿地和人工湿地两大类。

天然湿地包括沼泽湿地、泥炭湿地、湖泊湿地、河流湿地、海滩湿地和盐沼湿地等。

人工湿地有水稻田、水库、池塘等。我国有湿地53.6万平方千米，居亚洲第一、世界第四，是世界上湿地类型齐全、数量丰富的国家之一。

湿地按植被类型划分，还可分为沼泽型湿地、浅水植物型湿地、红树林型湿地、盐沼型湿地和海草型湿地，每个大类又可以划分为若干个小类。

3. 湿地的功能

湿地的功能主要包括调蓄水资源、调节气候、固碳释氧、净化水质、物种基因库、水禽栖息地等。

湿地能滞蓄洪水，起到削减洪峰、均化洪水流量的作用。湿地的沼泽中含有大量的泥炭沼泽土，孔隙率比较大，呈海绵状，具有很强的持水能力，能涵蓄水源，是巨大的生物蓄水库。

湿地能调节气候，其沼泽地区各种湿生植物和水生植物生长繁茂，覆盖度高，植被蒸腾作用强烈。沼泽又具有调节空气湿度的作用。特别是在干旱、半干旱地区，这种调节气候的作用显得更为重要。

湿地能固碳释氧，沼泽植物群落通过光合作用吸收二氧化碳，放出氧气，改善大气中的气体结构，有利于维持大气中二氧化碳和氧气的平衡，与森林一样，是自然界中的“生物制氧机”。此外，沼泽还能够吸附空气中的粉尘及其携带的细菌、真菌等微生物，起到净化空气的作用。湿地能净化水质，湿地植被具有滞留沉积物、营养物，降解有毒有害物质的作用，有利于净化水质，因而被誉为“地球之肾”。目前，许多国家和地区都利用天然湿地作为污水处理场，起到环境过滤器的作用。水生植物具有很强的污水净化能力，如香蒲、菖蒲、芦苇、灯芯草等。植物不仅能吸收污水中的氮、磷等有机物，还能吸附污水中的重金属、碳氢化合物和其他有毒有害物质，有的植物根部还能分泌出抗生素类物质，从而大大降低污水中的病原体浓度。芦苇等植物的茎部中空，可以向水中输送空气，增强水中微生物的活力，促进各种有机物的分解。所以，人工湿地是一种很有发展前途的污水生物净化系统，具有投资少、运行成本低的优点，但一般占地面积较大。根据不同的条件，生物净化系统可以设计成表流湿地、平流湿地和垂直流湿地等形式。

湿地还是特种基因库，湿地生态系统是生物多样性富集的自然基因库，许多沼泽都有门类繁多的野生物种，对于改善经济物种的品质，提高产量和抗病虫害能力都有重要的意义。例如，我国的“杂交水稻之父”袁隆平就是利用野生稻与栽培稻杂交繁育而成为杂交高产水稻。湿地中还有许多珍稀濒危物种，如水松、水杉等第三纪孑遗种。此外还有猪笼草、圆叶茅膏菜、绶草、野生稻、李氏乐等珍稀物种。

湿地还是水禽赖以生存的繁育地、栖息地、越冬地和候鸟迁徙途中的停歇地。每年冬季，都有来自俄罗斯西伯利亚、日本、朝鲜和我国北方的丹顶鹤、白鹤、灰头鹤、白头鹤等到江苏盐城的湿地越冬。我国东部沿海的黄河三角洲、山东荣成湿地、上海崇明岛以及洞庭湖、鄱阳湖等地是天鹅的主要越冬地。江苏省的洪泽湖是来自西伯利亚、日本、朝鲜等地的大鸨的越冬地。我国东北的松嫩平原、三江平原沼泽（如扎龙湿地、向海湿地、莫莫格湿地等），内蒙古的科尔沁和霍林河湿地以及辽宁盘锦一带的芦苇沼泽，都是丹顶鹤筑巢繁殖的地方，其中最著名的是扎龙湿地，被誉为“丹顶鹤的故乡”。在新疆天山山区海拔2300～2800米的巴音布鲁克湿地，每年夏季有5000～8000只天鹅在此栖息，素有“天鹅湖”之称。我国沿海湿地及岛屿是鸻鹬类和鸥类候鸟从澳大利亚、新西兰等地由南向北迁徙途中的栖息地或停歇地。

4. 我国主要湿地保护区

1992年，我国首批列入的国际重要湿地共7个，分别是黑龙江扎龙自然保护区、吉林向海自然保护区、海南东寨港自然保护区、青海湖鸟岛自然保护区、江西鄱阳湖自然保护区、湖南东洞庭湖自然保护区和香港米埔自然保护区。

截至目前，我国已确立 46 块国际重要湿地，总面积 4.05 万平方千米，包含近海及海岸湿地、河流湿地、湖泊湿地、沼泽湿地和库塘等共 5 大类 28 种类型。湿地是位于陆生生态系统和水生生态系统之间的过渡性地带，对保持野生动植物资源的生态多样性和净化生态都起到重要作用。

5. 湿地资源

湿地是一种具有多种功能的自然资源，也是一种可供人类开发利用的经济资源，主要包括生物资源、水资源、泥炭资源、环境资源等。

第四节　冰　　川

1. 地球气候的感应器——冰川

冰川是地球冰雪圈（也称为冰冻圈）的重要组成部分。冰雪圈与大气圈、岩石圈、水圈、生物圈一起，构成了地球表面的五大圈层，并对全球气候变化和水资源的循环与贮存起着极为重要的作用。冰川是全球气候变化的记录器，也是全球气候变化的感应器和调节器。更重要的，冰川是一种宝贵的淡水资源，能够孕育江河，还对河川径流起调节作用。

2. 冰川的形成

冰川不同于海冰、河冰、湖冰，不是直接由液态水变为固态水的，而是由永久积雪在重力作用下长期演变而成的。永久积雪层经长期积累厚度不断加大，内部压力也相应增大，空隙减小，密度加大，经历粒雪化过程而演变成冰川冰。

根据形态和运动特性的不同，冰川可分为大陆冰川和山岳冰川。

按冰川发育时降雪、气温等外部条件划分，冰川还可以分为大陆型冰川和海洋型冰川。

3. 我国的冰川分布

我国是中低纬度带上的冰川第一大国。根据 2005 年出版的《中国冰川目录》的最终统计，我国共发育冰川 46377 条，面积达 59425 平方千米，冰储量 5590 立方千米，占世界山岳冰川的 14.5％和亚洲山岳冰川的 47.6％，在世界冰川资源中占有重要的地位。

我国的冰川集中在西部 6 个省（自治区）内。按山系划分，主要分布在喜马拉雅山、昆仑山、喀喇昆仑山、念青唐古拉山、横断山、天山、阿尔泰山和祁连山等 14 条山脉中。其中天山山脉中冰川数量最多；其次是昆仑山脉，这里也是我国面积最大的冰川区，冰川面积约有全国的1/5；念青唐古拉山脉是青藏高原东南部的最大冰川区，是我国主要的季风海洋型冰川；喜马拉雅山脉可能是最著名的冰川了，世界最高峰珠穆朗玛峰周围5000平方千米范围内有冰川多达1600平方千米，长度在10千米以上的冰川有18条。

我国的著名冰川还有许多，例如，最大的山谷冰川——音苏盖提冰川，位于新疆喀喇昆仑山脉乔戈里峰北坡，是我国境内已知的最大冰川；最大的冰原——普若岗日冰原，位于西藏那曲地区，被确认为迄今为止世界上除两极地区以外最大的冰原；纬度最低（最南）的冰川——玉龙雪山冰川，位于云南的玉龙雪山，是我国最南部的雪山，也是北半球最南端的大雪山；山谷冰川最大冰厚——贡嘎山大贡巴冰川，位于四川，海拔4380米，厚度为263米。

4. 冰川与气候变化

冰川是气候的产物，同时又对气候变化起着很大的反馈作用。所以，冰川与气候变化关系密切，在全球气候变化的研究中占有非常重要的地位。

冰川是全球气候变化的记录器。由于冰川是经历漫长的历史年代沉积演变而成的，所以在这个过程中记录了大量的古气候、古环境和古代大气成分的各种信息。特别是南极冰盖，由于气候寒冷，人迹罕至，受人为污染的影响很小，通过对冰芯的研究，可以准确地反映各个历史时期的气候和环境的原貌。此外，冰芯中还记录了大气尘埃、太阳活动、火山活动、地磁变化、地球生物化学循环、超新星爆炸、微生物及其DNA、人类活动影响等方面的历史信息，是一个十分宝贵的综合信息库。

冰川是全球气候变化的感应器。冰雪圈对气候变化非常敏感，是反映全球气候变化的感应器和指示器。随着全球气候变暖的不断加速，冰川的退缩速率也不断加快。山地冰川的物质平衡和进退变化、海冰和湖冰的冻融规律、冻土厚度和地温变化情况、冬季雪盖的范围和厚度等，已成为研究气候变化的监测重点和分析手段。全球变暖在南北两极也产生了明显的效应。1960年，北冰洋的冰有2米厚，但到2001年时仅为1米厚，40年内冰层减薄了一半，面积缩小了6%。按这种趋势，再过50年，北冰洋上可能就没有冰了。全球变暖对我国的冰川也产生了重大影响。据有关专家分析，青藏高原和西北内陆地区是近几十年来升温最快的地区之一，这些地区已普遍出现雪线升高、冰川退缩的情况，冰川退缩速率一般为每年10～20米，最快的可达50米。按照这样的趋势，2050年祁连山的冰川将大部分消失，其他地区的冰川也将大幅度减少。全球变暖还将使海平面上升淹没沿海低地，使人类生存范围缩小。全球升温导致某些地区气候变迁，从而影响该地人们的生产生活环境。全球升温将会诱发某些疾病，对人们特别是老人的生命安全造成威胁。

冰川是气候变化的调节器。冰川在调节气候中的作用主要表现在：反射阳光，减少太阳辐射能，从而使南极保持冷却状态。北冰洋海冰和南极冰盖是巨大的冷源。两极地区常年温度保持在－40摄氏度以下，其中南极的极端最低温度达到－88摄氏度，通过大气环流把冷空气源源不断地输送到中低纬度地区，并通过洋流在大洋之间进行热量交换。例如，来自北极圈的西伯利亚寒流是造成我国北方冬季严寒、干燥的主要因素。

5. 冰川与淡水资源

冰雪圈是一个巨大的固体水库，其储冰量约占全球淡水总量的70％，因而在全球水资源循环中具有十分重要的作用。但是，冰川总量的97％分布在南极和格陵兰岛，那里气候严寒，条件恶劣，除科学考察外一般无人居住，而世界的人口绝大部分居住在中低纬度地区，许多地区淡水资源匮乏，山岳冰川对他们来说是一种宝贵的淡水资源。

冰川具有多年调节河川径流的作用。在低温湿润年份，山区降水较多，气温较低，冰川积累量大于消融量，固体水库处于蓄冰阶段。在干旱高温年份，冰川融水增加，补充河川径流，弥补了降水的减少。例如，新疆的冰川融水占河川径流的25.4％，因而河川径流的年际变化较小，有利于水资源的开发利用；河西走廊的疏勒河、黑河、石羊河等内陆河，由于有祁连山冰川融雪的补给，也具有类似的特征。

第六章　水的世界很神奇

第一节　水是无色的吗

纯净的水不反射光，是无色透明的液体，从物理学的角度来讲，水的“颜色”受到光在水中的吸收、散射以及水中悬浮物等因素的影响。

红、橙、黄、绿、青、蓝、紫七种颜色的光组成了太阳光。其中，波长较长的红光易于被水吸收，而波长较短的蓝光则散射较强。当太阳光照射到深度达到1m以上的水上时，红光、橙光这些波长较长的光，能绕过一切阻碍继续前进，在前进的过程中，不断被水和水中的生物所吸收。而像蓝光、紫光这些波长较短的光，虽然也有一部分被水和藻类等吸收，但是大部分一遇到水的阻碍就会散射到周围，或者直接被反射回来。我们看到的就是这部分被散射或被反射出来的光。水越深，被散射和反射的蓝光就越多。

水的颜色还受到水中悬浮物的影响，当水中含有大量的绿色浮游藻类时呈绿色；当水中含有大量的红藻时呈红色；水中含有大量的黄沙、黄土时呈黄色。水中溶解的有色金属离子和有机分子也能改变水的颜色。

正是有了光的反射等因素，我们才会看到不同颜色的水。

第二节　阿基米德原理和曹冲称象

“曹冲称象”在我国几乎是妇孺皆知的故事。年仅六岁的曹冲，为了称出大象的体重，巧妙地利用漂浮在水面上的物体的重力等于水对物体的浮力这一物理原理，解决了一个当年连许多有学问的成年人都一筹莫展的大难题。

曹冲称象应用的就是我们常说的水的浮力原理（又称阿基米德原理），即水对物体的浮力等于物体所排开水的重量。这表明浮力与物体排开水的量（物体浸入水中的体积）有关，而与物体本身的重量无关。例如，众所周知，1 吨钢铁是不能漂浮在水面上的，是因为它的体积小，放入水中后排开水的量也少，使得浮力小于重力；但用 1 吨钢铁造成的轮船，由于船体是空心的，体积较大，进入水中后排开水的体积增大，受到的浮力也增大，直到船受到的浮力增大到等于自身的重力，此时船就能浮在水面上。这主要是利用物体漂浮在水面上的条件——浮力等于重力来工作的。

第三节　水灵灵的小宝宝

在地球上，一切生物都离不开水，没有水就没有生命。

水是构成人体的重要组成部分，是人体必需的七大营养物质之一，对人体健康起着重要的作用。

在人体中，水占到人体重量的65%～70%。人在不同的年龄段含水量不同，成年人的含水量为60%～70%，老年人的含水量在60%以下，儿童的含水量在80%以上，刚出生的婴儿含水量在90%左右，所以人们经常用“水灵灵”来说明小宝宝的活泼可爱。

第四节　你不可以不喝水

水是人生命需要最主要的物质。水对人体而言的生理功能是多方面的，没有水，食物中的养料不能被吸收，废物不能排出体外，药物不能到达起作用的部位。人体一旦缺水，后果是很严重的。缺水1%～2%，感到渴；缺水5%，口干舌燥，皮肤起皱，意识不清，甚至幻视；缺水15%，感觉比饥饿更难忍受。没有食物，人可以活较长时间（有人估计为两个月），如果连水也没有，顶多能活一周左右。正常成年人每天要喝1500毫升左右的水才能满足身体所需。

因此，水对人的生命是最重要的物质。

第五节　清凌凌的水里有什么

人们常说“清凌凌的水来蓝莹莹的天”，意思是水特别特别清，天特别特别蓝。

可是，还有一句话：水至清则无鱼。意思是水太清了，鱼就无法生存。后人多用此告诫人们对他人不要太苛刻、看问题不要过于严厉，否则，就容易使大家因害怕而不愿意与之打交道，就像水过于清澈养不住鱼儿一样。这句话也有其科学的解释，可从生物学和哲学两个角度分析。

从生物的角度来讲，鱼类生存需要大量的水、充足的氧气、适宜的温度和足够的食物。鱼的食物很杂，包括水中的藻类、水生植物、水中浮游生物、各类昆虫、螺类、植物的种子以及人类丢弃的食物碎屑等，但水足够清澈时，水中便缺少了鱼类生存所需要的食物，因此鱼就无法生存。

从哲学的角度来讲，是指矛盾双方在一定条件下是相互转化的。水清适合鱼类生存，但当水清到一定程度时，就会向相反面转化，反而不适合鱼生长，所谓“物极必反”。这也是哲学原理中的矛盾原理。

第六节　水在植物体内是如何运动的

植物的根系是吸收土壤中水分的主要器官，而根系吸水的主要部位是根尖。当水分被植物从土壤中吸收后，就会通过植物的皮层薄壁细胞进入到木质部的导管和管细胞中，然后水分沿着木质部向上运动到植物的茎或叶的木质部，接着水分从叶片木质部末端细胞进入叶肉细胞细胞壁的蒸发部位，最后水蒸气就通过气孔蒸腾出去。

土壤、植物、空气三者之间的水分运动是具有连续性的。植物从根部吸收水分到体内的运输过程，再到植物叶片的蒸腾作用，都是利用根部、枝干和叶片中的毛细管进行的，这就是我们说的毛细现象或毛细作用，即液体在细管状物体内侧，由于内聚力与附着力的差异，克服地心引力而上升的现象。植物“喝水”就是水分通过植物根、茎、叶内的维管束上升的现象。

第七节　为什么会有“虚拟水”

据说，在南非的一个酒庄，有一个广告，上面写着：节约用水，多喝葡萄酒。

其实，这句话是错的。

因为，每生产 1 升的葡萄酒，需要 900 升的水；每生产 1 千克的小麦，需要 1～2 立方米的水。

又比如，牛肉很好吃，看上去牛肉含水量也不多，但在牛的饲养过程中需要给牛喂水，还需要用水冲洗牛棚等，这些消耗的水不能忽视。再比如，有专家估算，喝一杯咖啡会消耗 140 升“虚拟水”，因为为得到一杯咖啡，在种植、生产和运输的过程中都要消耗水资源。

这些在产品的生产和服务过程中消耗掉的水，就是“虚拟水”。

“虚拟水”最早是由英国学者约翰·安东尼·艾伦（Tony Allan）在 1993 年提出的，用来计算食品和消费品在生产和销售过程中的用水量，现在泛指在生产产品和服务中所需要的水资源量，即凝结在产品和服务中的“虚拟水量”。

“虚拟水”不是真正意义上的水，而是以虚拟的形式包含在产品中的看不见的水。既然产品生产需要消耗水资源，那么地区间的贸易实际上也就产生了“虚拟水贸易”，地区之间通过食物和消费品的贸易流通，使得某一地区进口或出口了“虚拟水”。农产品出口大国就是很大的“虚拟水”出口国。如果缺水的国家或地区可以通过贸易的方式从富水地区购买水密集型产品，就可以有效地节省本地水资源，尤其可通过购买粮食同时获得水和粮食安全。现在，像摩洛哥、约旦和以色列等一些缺水国家都通过进口农产品来解决本地区的水资源短缺问题。

我国历史上形成的“南粮北运”格局也是一种“虚拟水贸易”。通过“虚拟水”，可有效地促进人们对水政策和水资源的管理，提高水资源的利用效率和效益。

第八节　你知道“水危机”吗

请看一组缺水的数字：

全球有 60% 的陆地面积淡水供应不足；20 亿人饮水短缺；40 多个国家严重缺水；中国有 400 座城市缺水，其中 100 多座城市严重缺水，地下水超采严重。

与缺水的数字相比，人类对水的需求量却与日俱增。

全世界 1975 年用水量为 3 万亿立方米，1994 年为 4.3 万亿立方米，2000 年是 7 万亿立方米。未来，水将供不应求。

早在 1972 年，联合国第一次环境与发展大会就指出："石油危机之后，下一个危机是水。"1977 年联合国大会进一步强调："水，不久将成为一个深刻的社会危机。"1997 年，联合国再次呼吁："目前地区性水危机可能预示着全球危机的到来。"

20 世纪末至 21 世纪初，共有 30 多个国家因为水资源问题而发生纠纷。为水争执最多的是中东地区。在中东，无论是政治上的争吵，还是军事上的冲突乃至社会上的动乱，都与水的问题相关。

人们对水还存在着误区，甚至认为水是从天上掉下来的，是取之不尽、用之不竭的。殊不知，由于世界人口的迅速膨胀、工业文明的日益发展以及日益严重的水污染，水越来越成为一种宝贵的稀缺资源，在一些国家和地区甚至出现了水比油贵的情形。未来的战争，将是为了争夺水资源的战争，这绝不是危言耸听。

第七章　身边的水科学

第一节　酸雨是如何产生的

酸雨也称为酸性沉降，包括湿沉降和干沉降两类。

当大气降水时，降落的酸碱值小于 5.6 的雨、雪等，我们称之为湿沉降。

当空中无降水时，从空中降下来的酸碱值小于 5.6 的落尘等物质，也是酸雨，我们称之为干沉降。

酸雨是大气污染的产物，所以也可以看做是一种人为的水灾害。

酸雨的形成是一种复杂的大气化学和物理现象，简单来说主要是由于人类活动向大气中排放了大量硫氧化物（二氧化硫、三氧化硫）和氮氧化物（一氧化氮、二氧化氮）的酸性物质所造成的。

我国是燃煤大国，燃煤量增长的同时，向大气中排放的二氧化硫也同步增加。近几十年来，我国机动车保有量快速增长，导致氮氧化物的排放量也急剧增加。我国已有多于 2/3 的省（自治区、直辖市）检测到酸雨，主要的三大酸雨区分别是华中、西南和华东沿海。

酸雨因呈酸性，会污染耕地，破坏耕地的酸碱平衡，导致农作物减产甚至绝收；酸雨还会污染地表水和地下水，影响饮用水的水质，也会对利用地表水进行生产的渔业造成不利影响。同时，酸雨还危害森林、草地等，破坏植被的正常生长，严重时会造成草地、树木的成片死亡；酸雨对各类工业和民用建筑，特别是各种金属结构的建筑产生腐蚀作用，溶解非金属建筑材料表面硬化水泥，降低结构强度和安全度，从而损坏建筑物，缩短其使用寿命。另外，大气中含有过多的硫氧化物和氮氧化物对人类和动物的呼吸系统也有不利影响，会增加呼吸道疾病的患病率和死亡率。

第二节　荒漠化是如何形成的

1992 年，联合国环境与发展大会对荒漠化的概念作了这样的定义：荒漠化是由于气候变化和人类不合理的经济活动等因素，使干旱、半干旱和具有干旱灾害的半湿润地区的土地发生了退化。

荒漠化，简单地说，就是指土地退化，土地环境日趋恶劣，逐步减少或失去该土地原先所具有的综合生产潜力的演变过程。

我国荒漠化形势十分严峻。其形成既有自然因素，也有人为因素。

自然因素主要是受气候条件的影响。当气候变干时，荒漠化会发展；气候变湿润时，荒漠化会逆转。异常的气候条件，特别是严重的干旱条件，容易造成植被退化、风蚀加快，促使荒漠化加剧。

但是，自然地理条件和气候变异只是为荒漠化的形成和发展创造了条件，这是一个缓慢的过程。而人口增长和经济发展，使得土地承受的压力过重，过度开垦、过度放牧、乱砍滥伐和水资源不合理利用等使土地严重退化，激发和加速了荒漠化的进程。

在荒漠化相对集中的西部地区，曾有大量草地和林地被开垦为耕地。由于该地区属干旱、半干旱地区，草地和林地被开垦为耕地后，在农闲季节土壤失去了植被的保护，造成耕地沙化面积不断扩大。

过度放牧造成了对草地地表的过度践踏，草原地表土壤结构破坏严重，经风吹蚀，形成荒漠化。

不合理的中药材挖采使得草场面积被完全破坏且加速沙化。

树木不合理的过度砍伐致使林木锐减，砍伐后的土地开始沙化。水资源短缺矛盾加剧，对地下水的持续超采利用，导致地下水水位不断下降，直接引起地表植被衰亡，土地沙化加快。

土地荒漠化的形成是一个复杂过程，它是脆弱的生态环境和人类不合理经济活动相互作用的结果。

第三节　为什么会有蓝藻大面积暴发

蓝藻暴发究竟原因是什么？

简单来说，就是水体富营养化导致了蓝藻暴发性繁殖。

蓝藻是生态系统中重要的初级生产者，在正常水质中是许多水生生物（鱼虾）的食物来源。然而，当水中有太多营养物质（尤其是氮和磷），且温度适宜时，蓝藻就会大量繁殖，这不仅会减弱水的透光性，还会大量消耗氧气，造成大量其他水生生物窒息死亡，腐烂的生物体进一步加剧水体富营养化并导致水体发臭，形成恶性循环。

以最引人关注的太湖举例来说，太湖屡次暴发蓝藻，有地理因素——太湖三面被陆地包围，是一个半封闭性的湖湾，水体流动较弱，而太湖流域长年的东南风往往把污染物聚拢至太湖中且集聚不散；也有气候因素——太湖区冬季偏暖、春季又少降雨的异常天气，导致往年蓝藻未被冻死也不能被稀释；但更多是由人为因素造成的。

太湖的污染过程是伴随长江三角地区城市化、工业化的进程产生的。工业生产和城市建设不断向太湖周边发展，但基础环境设施建设却不配套，污水收集管网和污水处理设施的建设远远赶不上污水增加的速度，大量工业废水和生活废水未经处理直接排入太湖中。太湖流域的发展使原本就密集的人口更加庞大，农业耕种大量施用化肥农药，许多肥源随地表径流进入太湖。太湖不断遭受工业污水的戕害以及农用废水、农药残留和生活污水的荼毒；加之太湖所处的地理条件和气候条件，使太湖解污能力不胜负荷，终于大面积暴发蓝藻。

我国湖泊普遍出现水体富营养化、水质污染或湖泊萎缩、消失的环境问题。保护珍贵的湖泊资源刻不容缓。

第四节 如何利用海水

我国拥有1.8万千米长的蜿蜒海岸线，18个主要沿海城市中有14个淡水资源不足，利用海水成为解决淡水缺乏的途径之一。

目前，海水利用的方法主要有海水直接利用、海水淡化、海水农业和对海水进行综合利用等。

海水直接利用是指直接采用海水替代淡水作为工业用水和生活用水，置换工业冷却用水和冲厕用水。在热电、核电、石化、冶金、钢铁等工业行业中，使用海水作设备冷却水，有效替代、节省等量的淡水。在城市生活中，海水可以代替淡水用于冲厕，香港从20世纪50年代末开始采用这一技术。

海水淡化是海水利用的重点，是将海水脱盐生产淡水，可以稳定增加淡水量。海水淡化是人类追求了很久的梦想，目前已有20多种淡化海水的方法，主要分为蒸馏法和反渗透膜法两大类。目前，世界海水淡化总能力不到全球用水量的1‰，但有着巨大的潜力。

海水农业是当今研究和开发的热点之一。海水农业是以土地为载体，运用海水进行浇灌或以海水无土栽培方式进行生产的种植业，还包括海洋动物的捕捞和养殖业，以及相关的林牧业和产品加工业等。发展海水农业，可缓解人类水资源、可耕地和粮食短缺的三大危机。

海水的综合利用是从海水中综合提取各种物质，主要集中在对化学资源的利用与开发，如以海水中的氯化钠为原料，制氢气、氯气、氢氧化钠、盐酸和漂白剂等。

13.38 亿立方千米的海水是人类的宝库。加强海水利用必将使我们的生活更加美好。

第五节　怎样进行人工降雨

人工降雨是指通过向云中撒播降雨催化剂（碘化银、干冰和盐粉等），使云滴或冰晶增大到一定程度，从而能降落到地面形成降水，也称人工增水。一般有空中、地面两种作业方法。

空中作业是用飞机在云中播撒催化剂，地面作业是利用高炮、火箭从地面上发射，炮弹在云中爆炸，把炮弹中的碘化银燃成烟剂撒在云中。一般高炮、火箭作业应用较为广泛。

进行人工降水必须要准确判断云层的物理特性，并选择合适的时机。自然降水的产生，需要一定的宏观天气条件及满足云中的微物理条件，如 0 摄氏度以上的暖云中要有大水滴，0 摄氏度以下的冷云中要有冰晶。如果这些条件不具备或虽然具备但又不够充分，就不会产生降水或者降雨很少。所以，人工降水就是在一定条件下使本来不能自然降水的云受激发而降水，或使那些水分供应较多、往往能自然降水的云，提高降水效率而增加降水量。

第六节　如何收集利用雨水

雨水收集的方式很多，在建筑物屋顶，可利用排水槽和墙面引水立管将落在屋顶的雨水集中引入绿地、透水路面或储水设施加以蓄存；在地面硬化的庭院、广场或人行道等处，选用透水材料铺设或建设汇流设施，将雨水引入透水区和储水设施中进行收集；对于城市主干道等基础设施路面，可结合沿线绿化带建设雨水利用设施；在生活的小区中，也可以安装简单的雨水收集设施；在家中，盆、桶等器皿都是收集雨水的好帮手。

收集的雨水如何利用呢？主要有三种方式：直接利用、间接利用和综合利用。

直接利用是指通过雨水收集回用系统，将雨水收集起来储存于雨水收集池，经过处理再用于观赏水景、浇灌绿地、冲刷路、洗车或冲洗马桶等。

间接利用是指采用各种雨水渗透设施，让雨水回灌地下，补充涵养地下水资源。

综合利用就是采用多种方法来实现对雨水的高效利用，包括雨水的集蓄利用；借助各种人工或自然水体、池塘、湿地或低洼地对雨水径流进行调蓄、净化和利用，从而改善城市的水环境和生态环境；通过各种人工或自然渗透设施使雨水渗入地下，补充地下水资源等。

第七节　再生水的用途有哪些

再生水又称为中水，是指污水在经过净化处理后，变成符合排放标准的清水，实现废水资源化利用。

再生水一般不宜直接接触人体，在经过处理达到一定水质标准后，可利用范围十分广泛，如用于补充水源，补给工业、农林牧渔业、城镇、景观环境等。根据国家标准《城市污水再生利用　城市杂用水水质》(GB/T 18920—2002)，再生水的主要用途见表7-1。

表7-1　　再生水用途范围表

分类	应用	范围
补充水源	补充地表水	河流、湖泊
	补充地下水	水源补给、防止地面沉降
工业用水	冷却用水	直流式、循环式
	洗涤用水	冲渣、冲灰、消烟除尘、清洗
	锅炉用水	高压、中压、低压锅炉
	工艺用水	溶料、漂洗、增湿、稀释、搅拌
农林牧渔业用水	农田灌溉	种子与育种、粮食作物的灌溉
	造林育苗	种子、苗木、苗圃、观赏植物
	农牧场	兽药与畜牧、家畜、家禽
	水产养殖	淡水养殖
城镇杂用水	园林绿化	公共绿地、住宅小区绿化
	冲厕、街道清扫	厕所便器冲洗、城市道路冲洗
	车辆冲洗	各种车辆冲洗

续表

分　类	应　用	范　　围
城镇杂用水	建筑施工	施工场地清扫、浇洒、灰尘抑制
	消防	消火栓、喷淋、喷雾、消火炮
景观环境用水	娱乐景观环境用水	娱乐性景观河道、景观湖泊及水景
	观赏景观环境用水	观赏性景观河道、景观湖泊及水景
	湿地环境用水	恢复自然湿地、营造人工湿地

第八章　生活中的节水小常识

第一节　家庭常用的净水方法

常用的净水方法有过滤、蒸馏、吸附等，这也是目前市场销售的各种家庭用净水机的主要工作原理。

一般来说，自来水厂的合格出厂水中都不会有太多杂质和再需要除去的物质。但在某些地区，由于自来水水源采自地下水，水硬度较高，烧开的水中会有较多的水碱。针对这一问题，在家中可以尝试吸附、静置加过滤的方法。首先在烧水前，用纱布包上一小团脱脂棉，或拿一段脱皮去籽、洗净的粗丝瓜瓤放入水壶中，烧水过程中，部分水碱（钙镁盐）会被吸附在棉球上或丝瓜瓤内；烧开后，多静置一会儿，让水碱尽可能沉淀到底部；还可用包裹了干净脱脂棉的细纱布将水过滤多次，水中的水碱就能基本去除。

在家中也可以使用炭棒对水进行简单的吸附净化处理，但市售炭棒的质量不一，且炭棒吸附一段时间后需要重新洗脱，对于普通民众有一定难度。

第二节　生活中那些容易浪费水的习惯

生活中很容易浪费水的不良习惯包括：开着水龙头，边放水边洗脸、刷牙；用完水未及时关上水龙头；水箱或水龙头漏水，不及时修好；用干净水冲洗马桶；没有充分利用洗菜水、洗衣水、洗碗水等清洗用水；用洗涤灵清洗瓜果蔬菜后，用清水冲洗几次，才敢放心吃；解冻海鲜、肉类使用“自来水长流法”；使用老式便器水箱容量过大，且大小不分档；把马桶当垃圾桶，冲烟头和碎细废物；瓶装水没喝几口就扔掉；在饭馆吃饭时，茶杯里的水没喝或没喝完就倒掉等。

可能有人会不以为然，但大家一定不要忽略这些生活中的细节。一个关不紧的水龙头，一个月会流掉1～6立方米水，一个漏水的马桶一个月会流掉3～25立方米的水。如果全国的家庭都把坐便器或淋浴器换成节水产品，每月就可以节水4.9亿吨。如果都能改变生活中的不良用水习惯，每个家庭都可节约用水70％以上。

举手之劳，就可节约珍贵的水资源。

第三节　生活中的节水小窍门

窍门一：新盖房屋请采用6升省水型马桶；将耗水型马桶换装二段式冲水配件。

窍门二：留意与检查马桶是否漏水。先将进水三角阀关闭，观察水箱水位高度是否降低，如有漏水，应尽速更换止水橡皮盖。

窍门三：将小便器冲水装置改为自动感应式，并调整适当冲水时间。

窍门四：莲蓬头及水龙头如水量过大，应加装适当节流装置。

窍门五：将橡皮阀水龙头换装精密陶瓷阀水龙头，缩短水龙头开关时间以减少漏水，并延长水龙头寿命。

窍门六：随手关紧水龙头，以节省水资源。

窍门七：定期检查水塔、蓄水池或其他水管接头有无漏水情形。

窍门八：洗澡采用淋浴，并使用低流量莲蓬头（淋浴时间以不超过 5 分钟为宜）。

窍门九：洗碗、洗菜、洗衣时应放适量的水在盆槽内，避免用水龙头直接冲洗，以减少用水量。

窍门十：利用洗米水、煮面水洗碗盘，可节省生活用水并减少洗洁精的污染。

窍门十一：洗菜水、洗衣水、洗碗水及洗澡水等可用来洗车、擦洗地板或冲马桶。

第九章　其　他

第一节　我国哪些水利工程列入世界文化遗产

世界文化遗产全称为“世界文化和自然遗产”，是一项由联合国支持、联合国教科文组织负责执行的国际公约建制，以保存对全世界人类都具有杰出普遍性价值的自然或文化处所为目的。世界文化遗产是文化的保护与传承的最高等级，世界文化遗产属于世界遗产范畴。按照联合国教科文组织成员国于1972年倡导的《保护世界文化和自然遗产公约》，缔约国内的文化和自然遗产，由缔约国申报，经世界遗产中心组织权威专家考察，世界遗产委员会主席团会议初步审议，最后经公约缔约国大会投票通过并列入《世界遗产名录》。世界遗产主要分为：自然遗产、文化遗产、文化与自然遗产混合遗产（即双重遗产）、文化景观遗产4类。列入《世界遗产名录》的文化遗产，称为世界文化遗产。

自中华人民共和国在1985年11月22日加入《保护世界文化与自然遗产公约》的缔约国行列以来，截至2018年7月，经联合国教科文组织审核批准列入《世界遗产名录》的我国世界遗产共有53项（包括自然遗产

13 项，文化遗产 36 项，自然与文化遗产 4 项）。

目前我国水利工程列入世界文化遗产的有两项，一是都江堰，二是中国大运河。都江堰 2010 年 11 月被列入《世界文化遗产名录》。中国大运河 2014 年 6 月被列入《世界文化遗产名录》。

第二节　为什么说都江堰是生态型的水利工程

都江堰水利工程采用我国古代应用最多的无坝引水方式。不建拦江大坝，一方面是古代先人受当时技术水平的限制；另一方面，这种方式可以最大限度地减少工程对河流的扰动，使河流顺其自然，达到引水入渠的目的。都江堰的鱼嘴、宝瓶口和飞沙堰“三大件”，平淡而充实，简洁而深奥，与人们意识中大型水利工程的景象少有共同之处，却是我国古代水利工程的经典之作。

“鱼嘴”是都江堰的分水工程，因其形如鱼嘴而得名，它昂头于岷江江心，把岷江分成内外二江。西边叫外江，俗称“金马河”，是岷江正流，主要用于排洪；东边沿山脚的叫内江，是人工引水渠道，主要用于灌溉；鱼嘴的设置极为巧妙，它利用地形、地势，巧妙地完成分流引水的任务，而且在洪水、枯水季节不同水位条件下，起着自动调节水量的作用。鱼嘴所分的水量有一定的比例，春天，岷江水流量大，灌区正值春耕，需要灌溉，这时岷江主流直入内江，水量约占六成，外江约占四成，以保证灌溉用水；洪水季节，二者比例又自动颠倒过来，内江四成，外江六成，使灌区不受水患灾害。

“飞沙堰”的一个主要作用是当内江的水量超过宝瓶口流量上限时，多余的水便从飞沙堰自行溢出；如遇特大洪水的非常情况，它还会自行溃堤，让大量江水回归岷江正流。另一作用是“飞沙”，岷江从万山丛中急驰而来，挟着大量泥沙、石块，如果让它们顺内江而下，就会淤塞宝瓶口和灌区。飞沙堰将上游带来的泥沙和卵石，甚至重达千斤的巨石，抛入外江（主要是巧妙地利用离心力作用），确保内江通畅，确有鬼斧神工之妙。

“宝瓶口”是前山（今名灌口山、玉垒山）伸向岷江的长脊上凿开的一个口子，它是人工凿成控制内江进水的咽喉，因它形似瓶口而且功能奇特，故名宝瓶口。宝瓶口宽度和底高都有极严格的控制，古人在岩壁上刻了几十条分划，取名“水则”，那是我国最早的水位标尺。内江水流进宝瓶口后，通过干渠经仰天窝节制闸，把江水一分为二。再经蒲柏、走江闸二分为四，顺应西北高、东南低的地势倾斜，一分再分，形成自流灌溉渠系，灌溉成都平原，以及绵阳、射洪、简阳、资阳、仁寿、青神等市县近1万平方千米，1000余万亩农田。

第三节　我国有哪些国家水情教育基地

国家水情教育基地是面向公众开展水情教育的基础实体平台。以基地为平台开展体验式教育，已被国内外实践证明是面向社会公众的一种行之有效的教育手段。水利部宣传教育中心的专题调研表明，水利系统所属各类以水为主题的教育场馆，已成为公众了解国情水情的重要平台和窗口，在引导公众不断加深对我国水情的认知，增强水安全、水忧患、水道德意识方面发挥了重要作用。

截至 2019 年 4 月，国家水情教育基地合计 34 个，名单如下：北京节水展馆、天津节水科技馆、河道总督府（淮安清晏园）、中国水利博物馆、华北水利水电大学、深圳水土保持科技示范园、重庆白鹤梁水下博物馆、陕西水利博物馆、黄河水利文化博物馆、苏州河梦清园环保主题公园、宿迁水利遗址公园、浙江水利水电学院水文化研究教育中心、戴村坝、黄河博物馆、小浪底水利枢纽工程、驻马店市“75・8”防洪教育基地、长江文明馆、三峡水利枢纽工程、都江堰水利工程、宁夏水利博物馆、江都水利枢纽工程、红旗渠、泰州引江河工程、东风堰、长渠（白起渠）、韶山灌区、槐房再生水厂、黄河三盛公水利枢纽、三峡试验坝陆水水利枢纽工程、汉城湖、寻源水文化研学基地（农夫山泉）、太湖溇港文化展示馆、新疆坎儿井研究会吐鲁番坎儿井乐园、江西水土保持生态科技园。

第四节　我国有哪些与“水”有关的典故

1. 与水相关的节日

“水”在中华民族繁衍生息中扮演的角色非常重要，不仅是我国人民生产生活的必需物质，也是中华民族的精神象征之一。我国各地、各民族的传统节日中与“水”有关的节日很多。

（1）春节。

作为我国第一大传统节日，中国人过春节已有4000多年的历史，传说在虞舜时期就开始过春节。在春节期间，汉族和一些少数民族都要举行祭祀神祇、祭奠祖先、除旧布新、迎喜接福、祈求丰年等为主要内容的各种形式的庆祝活动。其中的汲新水、祭井等许多活动都与水有着密切的联系。

（2）龙抬头。

农历二月初二——我国传统风俗龙抬头。这是汉族民间传统节日，这个节日其实与水有很大渊源。民间传说，龙是吉祥之物，主管云雨，正所谓“龙不抬头，天不下雨”，而农历二月二这天是龙欲升天的日子。从节气上说，农历二月初，正处在“雨水”“惊蛰”“春分”之间，我国很多地方已开始进入雨季。这是自然规律，但古人认为这是“龙”的功劳。而且，龙在我国人的心目中有着极高的地位，不仅是祥瑞之物，更是和风化雨的主宰。因此，便有了“二月二，龙抬头”之说。人们庆祝“龙头节”，是为了表示敬龙祈雨，让老天佑保丰收。

（3）端午节。

端午节又称“粽子节”“龙舟节”。公元前278年，秦将白起攻破楚都郢（今湖北江陵），楚国诗人、政治家屈原悲愤交加，怀石自沉于汨罗江，以身殉国，成为了我国历史上的一段悲壮故事。每年的五月初五，为了纪念爱国诗人屈原形成了赛龙舟、吃粽子、喝雄黄酒的风俗。无论是吃粽子、喝雄黄酒，还是赛龙舟、祭祀等，都离不开水的身影。

（4）泼水节。

泼水节也称为宋干节或赏建节，是傣族、德昂族最盛大的传统节日。为了迎接节日，人们都忙着制新衣，做米粑，置办水龙、水桶等泼水工具。这也是青年男女谈情说爱、寻找心上人的好时机。

2. 与水相关的成语

中华文化博大精深，成语更可以说是其中的精华。作为人们日常接触最多也是最为敬畏的自然资源之一，“水”在成语中出现的频率很高。如水涨船高、水到渠成、水滴石穿、水乳交融、水中捞月等。

与水有关的成语都利用到水的一些特质，下面我们选取一些进行简单阐述。

万水千山：万道河，千重山，形容路途艰难遥远。

水滴石穿：指水不停地滴，石头也能被滴穿。比喻做事情只要有恒心，不断努力，就会有所成就。

水火不容：水和火是两种性质相反的东西，根本不能相容。有时比喻人与人之间有仇恨，不能在一起。

顺水推舟：顺着水流的方向推船，比喻顺着某个趋势或某种方式说话办事。

水中捞月：到水中去捞月亮，比喻徒劳而无功。

这些成语既有褒义也有贬义，都是以水的特性来比喻其他事物。

现列举部分以“水”字开头的成语：水碧山青、水涨船高、水到渠成、水滴石穿、水中捞月、水底捞针、水光山色、水火不容、水火无情、水火相济、水洁冰清、水可载舟亦可覆舟、水枯石烂、水阔山高、水来土掩、水流花谢、水流云散、水落归槽、水落石出、水漫金山、水木清华、水穷山尽、水乳交融、水深火热、水天一色、水土不服、水泄不通、水性杨花、水秀山明等。

第五节　我国有哪些与“水”相关的经典文学作品

自古以来，我国出现了很多与“水”相关的经典文学作品，以下介绍一些主要的作品。

(1)《史记·河渠书》，西汉司马迁（公元前 145—

前 87 年）著，是我国第一篇水利专著，也是第一部水利通史。该书叙述了上起大禹治水，下至汉武帝时期的水利事业，主要包括黄河治理及人工渠道开凿情况。

（2）《汉书·沟洫志》，东汉班固（公元 32—92 年）著，是我国第二部水利通史。该书以贾让“治河三策”为代表，遍载了各家的治黄意见，几乎涉及其后 2000 年来不断发展前进的防洪工程技术的所有门类，对后代治河有重要的影响。

（3）《水经注》，北魏郦道元（446—527 年）著。该书是第一部记述全国河道水系、水利的综合性地理著作，记载大小水道 1000 多条，详细记述了河道所经地区山陵、原隰、城邑、关津等地理情况、建置沿革和有关历史事件、人物，甚至神话传说，是与水利有关的地理著作中最有价值的一部。

（4）《河防通议》，原著者为宋代沈立，后经金、元人修改。书中收集了宋、金、元（10—14 世纪）治理黄河的重要文献，是我国现存最早的一部河工技术专著，记述了这一时期河工技术、施工管理、河防组织、河政法令等经验。

（5）《治水筌蹄》，明代万恭（1515—1592 年）著。该书阐述了黄河、运河河道的演变和治理，总结了规划、施工及管理等方面的经验，是研究明代河工技术和治河思想的重要文献。

（6）《河防一览》，明代潘季驯（1521—1595 年）著。该书记录了潘季驯治理黄河的基本思想和主要措施，系统地阐述了“以河治河、以水攻沙”的治河主张，提出了加强堤防修守的一整套措施和制度，是“束水攻沙论”的主要代表作，也是16世纪我国河工技术水平和水利科学技术水平的重要标志，对后代治河思想与实践影响极大。

(7)《漕河图志》，明代王琼著，是京杭运河早期的珍贵史料，对研究明代前期黄河河道状况也有重要参考价值。

(8)《治河方略》，清代靳辅（1633—1682年）著，是清代前期治理黄河、运河等的重要著作。该书是研究清代前期治河方略和实践的重要文献。

(9)《行水金鉴》，清代傅泽洪主编，郑元庆纂辑；后人又编有《续行水金鉴》《再续行水金鉴》。它们对全面研究历史上我国水利的兴衰成败、发展规律和水利科学技术的成就，都是最基本的参考资料，对保留历史上大量的水利古籍发挥了重要作用。